含章⑪❤
新实用

阅读图文之美 / 优享健康生活

宝宝科学喂养
这样做

生活新实用编辑部　编著

Baby New Born

江苏凤凰科学技术出版社·南京

图书在版编目 (CIP) 数据

宝宝科学喂养这样做 / 生活新实用编辑部编著. —
南京：江苏凤凰科学技术出版社，2022.11
ISBN 978-7-5713-2297-7

Ⅰ.①宝… Ⅱ.①生… Ⅲ.①婴幼儿—哺育 Ⅳ.
① TS976.31

中国版本图书馆 CIP 数据核字 (2022) 第 169426 号

宝宝科学喂养这样做

编　　　著	生活新实用编辑部	
责 任 编 辑	倪　敏	
责 任 校 对	仲　敏	
责 任 监 制	方　晨	

出 版 发 行	江苏凤凰科学技术出版社
出版社地址	南京市湖南路 1 号 A 楼，邮编：210009
出版社网址	http://www.pspress.cn
印　　　刷	天津丰富彩艺印刷有限公司

开　　　本	718 mm × 1 000 mm　1/16
印　　　张	13
插　　　页	1
字　　　数	260 000
版　　　次	2022 年 11 月第 1 版
印　　　次	2022 年 11 月第 1 次印刷

标 准 书 号	ISBN 978-7-5713-2297-7
定　　　价	49.80 元

面对刚来到这个世界的宝宝，新手父母除了满心的欢喜和激动，难免会慌张失措，这柔软的新生命要怎样抚养、保护才能茁壮成长呢？育儿的各种难题中，妈妈最头痛的就是给宝宝吃什么、吃多少、怎么吃。

对宝宝来说，0~3岁是一个重要的成长阶段，此时，宝宝的新陈代谢旺盛，大脑、骨骼和神经系统快速发育，这就需要足够的营养来满足其发育。刚出生的宝宝，妈妈的乳汁是他的第一份美食，乳汁含有丰富的营养，能满足新生儿的成长需求。等宝宝长到四五个月大，母乳就无法满足宝宝成长发育所需的营养，这时妈妈就需要开始给宝宝准备辅食了。

添加辅食应该循序渐进，让宝宝慢慢适应不同食材的味道，刚开始要配合母乳或配方奶，一定不能突然断奶，只喂辅食，否则会引起宝宝身体的不适。

本书针对0~3岁不同年龄段宝宝的营养需求和身体发育特点，以问答的方式，分阶段解答孩子的喂养难题，帮助新手父母了解宝宝的生理特点、营养需求、喂养误区，根据宝宝的年龄制订合理的饮食方案。针对0~3个月的宝宝，分别对母乳宝宝和配方奶宝宝的喂养问题进行解答，如正确哺乳的方法、母乳的保存、配方奶的选择、冲泡配方奶的方法等。针对4个月到3岁的孩子，书中分4部分，针对不同阶段宝宝的发育特点，精选150多道辅食食谱，为妈妈提供实用的食谱方案，让父母的爱更科学合理。书中还针对宝宝厌食、厌奶、腹泻、便秘、过敏、发热等常见问题给予饮食调理建议，并附有0~12个月宝宝的早教方案，帮助父母解决育儿烦恼。

本书的内容非常适合新手父母阅读，愿其能够成为父母科学育儿道路上的一块铺路石，帮助宝宝健康成长。

阅读导航

● 依宝宝成长作篇章呈现

【0~3个月母乳宝宝】
【0~3个月配方奶宝宝】
【4~6个月】
【7~9个月】
【10~12个月】
【1~3岁】

● 以问答及重点加粗字提高阅读效率

所有喂养问题都以问答形式呈现，除了简明扼要的说明，还以重点加粗字作为提示，没有时间的新手父母，可以先从重点加粗字开始阅读。

7~9 个月 　宝宝吃辅食

喂辅食要注意哪些事？

Q 辅食也要遵循营养均衡原则？

宝宝七八个月后，可以吃的食物种类变多了，这时**每天的食谱，就要开始遵循营养均衡原则**，因此别忘了组合谷类、蛋白质、蔬菜、水果等，以维持均衡的营养。

Q 外出游玩，如何准备辅食？

● 准备好能整份带出门的水果，如香蕉、苹果等，再带上碗和汤匙，以便能刮出果泥喂宝宝。
● 把稀饭煮烂放进保温瓶中。
● 买现成的罐装婴儿食品。
● 若考虑事先制作麻烦，又不易保存，也可以买白吐司或馒头在路上喂食。
● 如果是夏天出游，要注意食物保存事宜，避免太阳直射食物，导致食物腐败变质。

Q 该为宝宝添加营养剂吗？

有些母乳宝宝长得较精瘦，让父母误以为宝宝营养不良，而想帮其添加营养剂。其实，宝宝到了七八个月时，身高会逐渐拉长，体型也不似前几个月时圆润，这是自然的现象，不用过于担心。

至于是否需要添加营养剂，则应该由儿科医师根据个体的发育状况（身高、体重、头围等）做评估，若真需要，才可遵照医师建议添加，不建议父母自己购买营养剂添加在辅食中。

Q 给宝宝吃市售婴儿食品，如何兼顾咀嚼力？

市售的婴儿食品种类丰富，如果父母没有时间亲自做辅食，也可以选择罐装婴儿食品。不过，宝宝9个月大时，应该吃一些需要咀嚼的食物，这时罐装婴儿食品就显得太软了一点。

父母可以善用一些简单的食材，如搭配面、香蕉、蔬菜等，就能让菜色丰富，并达到增量的效果，同时兼顾营养均衡和锻炼咀嚼力。

Q 如何判断宝宝吃蛋是否会过敏？

蛋白容易引起过敏，且蛋壳上的细菌也容易通过食物传染给宝宝，因此蛋要煮熟是最基本的原则。7个月大的宝宝只能先喂食蛋黄，1岁以上再喂食蛋白，如果吃其他食物都没有不舒服的反应，吃了蛋白却不舒服，就是对蛋白过敏。

如果经过确认，证实是对蛋白过敏，就暂时不要喂食，待儿科医师进一步确认是否为过敏体质，并找出过敏原。

Q 宝宝用舌头顶出食物，是表示不喜欢吃吗？

宝宝用舌头顶出食物，可能只是一种反射动作，不代表宝宝不喜欢吃这些食物，只要多尝试几次，宝宝就会开始吃。

此外，有时宝宝会因为不喜欢有颗粒的食物，而将送入嘴中的食物用舌头顶出来，但又无法一直喂食糊状的食物，因此让父母相当困扰。这时可准备能让宝宝自己用手拿着吃的东西，如婴儿磨牙饼，激起他自行进食的兴趣。只要多试几次，或许就可以顺利进食！

Q 要帮宝宝清洁舌苔或乳牙吗？

通常，宝宝第1颗乳牙会在6~8个月时长出，但其实乳牙早在宝宝出生时，就已经在牙床里发育完成。很多妈妈以为，因为还没长牙，所以不需要清洁口腔，这是错误的观念。在长牙前，就应保持宝宝口腔的清洁。

当喝完奶或吃完辅食后，可以用干净的纱布伸进宝宝的口腔中，轻轻擦拭并让他吸或咬，以保持口腔的干净，养成习惯，待牙齿长出后继续清洁，便可以预防奶瓶性龋齿。

● 点出新手父母最关心的喂养问题

第一次当爸妈的新手父母，总是担心宝宝吃不饱、营养不够，本书针对宝宝喂养过程中会遇到的问题，进行了细致的收录整理。

● 上班族妈妈都能轻松上手的食谱

考虑到上班族妈妈时间有限，所以在烹制做法上，提供简单不麻烦，而且能满足宝宝需要的营养食谱。

● 食谱问答点出婴幼儿就该这么吃

针对为什么推荐这道辅食，或是此时的宝宝需要哪些营养成分等相关问题，一一用问答作说明。

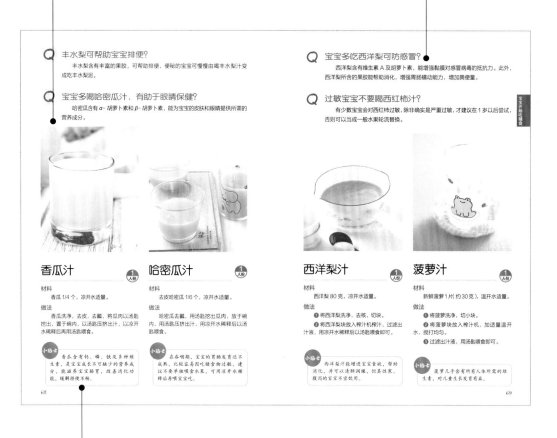

Q 丰水梨可帮助宝宝排便？

丰水梨含有丰富的果胶，可帮助排便，便秘的宝宝可慢慢由喝丰水梨汁变成吃丰水梨泥。

Q 宝宝多喝哈密瓜汁，有助于眼睛保健？

哈密瓜含有 α-胡萝卜素和 β-胡萝卜素，能为宝宝的皮肤和眼睛提供所需的营养成分。

Q 宝宝多吃西洋梨可防感冒？

西洋梨含有维生素 A 及胡萝卜素，能增强黏膜对感冒病毒的抵抗力。此外，西洋梨所含的果胶能帮助消化，增强肠蠕动能力，增加粪便量。

Q 过敏宝宝不要喝西红柿汁？

有少数宝宝会对西红柿过敏，除非确实是严重过敏，才建议在1岁以后尝试，否则可以当成一般水果轮流替换。

香瓜汁 （1人份）

材料
香瓜1/4个，凉开水适量。

做法
香瓜洗净，去皮，去瓤，将瓜肉以汤匙挖出，置于碗内，以汤匙压挤出汁，以凉开水稀释后再用汤匙喂食。

小贴士 香瓜含有钙、磷、铁及多种维生素，是宝宝成长不可缺少的营养成分，能涵养宝宝肠胃，改善消化功能，缓解排便不畅。

哈密瓜汁 （1人份）

材料
去皮哈密瓜1/6个，凉开水适量。

做法
哈密瓜去瓤，用汤匙挖出瓜肉，放于碗内，用汤匙压挤出汁，用凉开水稀释后以汤匙喂食。

小贴士 在各阶段，宝宝的胃肠发育还不成熟，比较容易因吃错食物过敏，建议不要单独喂食水果，可用凉开水稀释后喂宝宝吃。

西洋梨汁 （1人份）

材料
西洋梨80克，凉开水适量。

做法
❶ 将西洋梨洗净，去核，切块。
❷ 将西洋梨块放入榨汁机榨汁，过滤出汁液，用凉开水稀释后以汤匙喂食即可。

小贴士 西洋梨汁能增进宝宝食欲，帮助消化，并可以清肺润燥，但其性寒，腹泻的宝宝不宜饮用。

菠萝汁 （1人份）

材料
新鲜菠萝1片(约30克)，温开水适量。

做法
❶ 将菠萝洗净，切小块。
❷ 将菠萝块放入榨汁机，加适量温开水，搅打均匀。
❸ 过滤出汁液，用汤匙喂食即可。

小贴士 菠萝几乎含有所有人体所需的维生素，对儿童生长发育有益。

68

69

宝宝开始吃辅食

● 小贴士

列出食谱相关食材的营养价值、处理技巧等知识，让新手父母做得方便又安心。

第一部分 | # 0~3个月新生儿阶段
母乳宝宝和配方奶宝宝

第二部分 | 4~12个月 宝宝开始吃辅食

父母早教有方，宝宝聪明健康

第三部分 | 1~3岁 从辅食向成人食物过渡

点心类

附录　0~12个月宝宝身体发育指标参考表

第一部分

0~3个月新生儿阶段

母乳宝宝和配方奶宝宝

【新生儿阶段】母乳宝宝

为什么要给宝宝喝母乳?

Q ### 母乳是唯一针对宝宝的食物?

母乳可以说是大自然中唯一专门针对宝宝设计的食物,含有上千种营养成分,如乳清蛋白、乳糖、脂肪酸、矿物质等,能完全提供宝宝 4 个月前需要的营养。研究指出,即使宝宝 1 岁后,母乳仍可持续提供适当的营养成分,尤其是蛋白质、脂肪及多种维生素。

Q ### 初乳是宝宝的第一剂预防针?

乳房第一次分泌的奶水即"初乳",就是产后约 1 星期所分泌出来,呈淡黄色、带点黏稠性的母乳。初乳富含高比例的蛋白质和维生素,而碳水化合物及脂肪含量则比在 3 ~ 5 天后所分泌的母乳低,因此低脂、低糖。初乳含有大量矿物质,其中的钠含量更是成熟乳的 3 倍以上,有促进胎便排泄的重要功能。此外,初乳含有抗体,能帮助新生儿抵抗母体感染过的病毒。

产后头几天的初乳,是宝宝的第一剂预防针,其含有大量免疫球蛋白,能对抗细菌和病毒,减缓导致过敏的蛋白对宝宝的影响。此外,其也含有大量白细胞,具有杀菌和抵抗病毒的作用,另有抑菌物质乳铁蛋白(Lactoferrin),可抑制宝宝体内坏菌的生长。

小贴士 **初乳有助宝宝抵抗疾病**

根据"日本家族计划协会"的研究,初乳能帮助新生儿抵抗破伤风菌、百日咳菌、肺炎链球菌、葡萄球菌、白喉杆菌、沙门杆菌,甚至能有效抵御流行性感冒病毒、麻疹病毒等。

Q 喝母乳的宝宝较聪明?

宝宝出生头几个小时是建立亲子关系的重要时刻,也是现今推广母婴同室的重要原因。母子熟悉彼此的感觉、气味和影像,对亲子关系有一定好处。

许多研究报告都显示,喝母乳的宝宝,罹患呼吸道感染、中耳炎、腹泻的概率都较低;儿童期的糖尿病、癌症、过敏性疾病发生率都有可能降低。

此外,研究发现,**母乳宝宝的平均智商较高,或许是营养对智能的影响。除了营养层面,妈妈亲自哺育母乳时,宝宝必须努力用嘴吸吮才能吸出乳汁,有助于促进肌肉和下颚的发育,增强宝宝日后咀嚼食物的能力。**

Q 喝母乳的宝宝较独立?

宝宝除了有生理上的需求,也有被爱抚、关怀的心理需求。研究儿童心理的专家指出,当婴儿的需求被充分满足时,将来个性会较独立,若父母愿意在前3年多花点心思陪伴他成长,日后的教养将更省力。

让宝宝喝母乳并不会让他们变得过于依赖,反而有许多研究发现,喝母乳的宝宝会因为有更多的安全感而变得独立。宝宝自己会决定要何时断乳,当然也需要妈妈的正向鼓励,才能让孩子学习独立。

Q 早产儿更要喝母乳?

妈妈从怀孕开始,身体就开始分泌荷尔蒙,让乳房组织发生变化,替未来分泌母乳做准备。**母乳的成分会随着妈妈的怀孕周数、宝宝的喂食时间有所变动。例如,早产儿妈妈所分泌的乳汁中,含有较高的蛋白质、脂肪、钠、镁及甲型球蛋白,最适合早产儿的需求。**

乳汁中的脂肪含量会有前后的差别。在同一次喂奶时,前奶的脂肪含量较后奶的脂肪含量低,但前奶的奶水量和蛋白质含量较高。宝宝一开始会先吸到前奶,当吸吮动作减缓,停下来休息时,表示他开始吸后奶了,后奶的奶水量虽不大,但可以让宝宝较易产生饱腹感而自动停止吸吮。

如何正确哺乳？

Q 顺利哺乳的步骤？

- **洗净双手**：哺乳前，为了保护宝宝不被细菌感染，务必先用肥皂将双手洗干净。

- **清洁乳头周围的肌肤**：用干净纱布蘸取温水后，擦拭乳头周围肌肤。

- **让乳头变软**：用拇指和食指垂直下压乳晕，然后采用双指往中间挤压的方式挤奶，并且变换手指头的位置，直到乳头变软为止，需要做5~6次。

- **保持正确且舒服的姿势**：正确的哺乳姿势，包括直立式、橄榄球式、摇篮式、侧卧式等。

- **确认宝宝含乳正确**：宝宝的嘴要含住妈妈的整个乳晕，嘴唇向上翻起是最佳状态，同时也要观察宝宝吞咽的情况。

- **换侧哺喂**：宝宝吸空一侧乳房后，换另一侧继续哺喂。

- **帮宝宝吐出乳头**：待宝宝吃饱，妈妈可轻轻压一下宝宝的下巴或下嘴唇，让宝宝吐出乳头。

- **拍嗝**：竖着抱起宝宝或让宝宝趴在腿上，在宝宝背上轻拍，让宝宝打出嗝。

- **清洁乳头**：将宝宝放下，用软布擦洗乳头和乳房，挤出几滴乳汁涂抹乳头及乳晕，以保护皮肤。

Q 最正确的哺乳姿势是卧姿？

卧姿

妈妈躺在床上，膝盖微微弯曲，可放个枕头在头下、两腿间及背后，一侧的手放在宝宝的头下方，并支撑他的背部，这可以说是最舒适、方便的喂奶姿势。

优势：这种哺乳方式非常适合剖宫产妈妈和侧切妈妈，可以一边哺乳一边休息，伤口也不会过于疼痛。

坐姿

橄榄球式：

❶ 坐着时，垫高双脚，膝盖上放1个枕头。

❷ 像抱橄榄球一样，用手托住宝宝的头。

❸ 用手支撑宝宝的身体，让他的脚在你的背后，或用手臂夹住他的身体。

❹ 用手臂的力量将宝宝拉近。一旦宝宝能很好地吮吸了，可以在宝宝和抱着他的手之间插一个枕头，帮助宝宝保持贴近妈妈的姿势，妈妈就可以向后靠放松了，注意要避免探身前倾到宝宝上方。

摇篮式：

❶ 坐着时，垫高双脚，膝盖上放1个枕头。

❷ 让宝宝的头枕在你的手肘上。

❸ 用前手臂支撑宝宝的身体，让他贴近你的胸腹。

❹ 让他一只手绕在你的背后，一只手放在你的胸前。

　　优势：这种方法最容易学，也是妈妈常用的姿势，无论在家里还是公共场合都适用。

小贴士　父母有人过敏，最好喂母乳

　　如果父母双方任一方是过敏体质，宝宝是过敏体质的概率就会增加，为了降低过敏概率和严重度，医学界建议在宝宝1岁前，应该尽量母乳喂养，或至少哺乳6个月以上。

小贴士　母乳喂养能降低女性患乳腺癌、卵巢癌的概率

　　母乳喂养能降低女性停经前患乳腺癌、卵巢癌的发病率，同时可降低贫血的程度、减少膀胱及其他感染，以及停经后关节炎和脊椎骨折等疾病的发病率。

如何判断宝宝有没有喝饱?

Q 避免瓶喂，能让宝宝更快学会吸母乳?

　　许多医院在宝宝一出生，当妈妈还在产台上时，就把新生儿放在妈妈的怀里，让他自然地寻找妈妈的乳房，含住乳头并开始吸吮。同时也要特别留意，**在宝宝出生后的前 2 ～ 3 周，要尽可能少用奶瓶喂奶，否则宝宝一旦习惯了奶瓶的奶嘴，再想让他学会含住妈妈的乳头用力吸奶，就困难多了!**

　　宝宝吸妈妈乳头的方式跟吸奶瓶奶嘴是不一样的，吸奶瓶奶嘴时，就像吸手指头，只要把嘴噘起来，不需要用力就能吸到；但吸妈妈的乳头，就像含住整个拳头，要把嘴巴张得很大，充分吸住才能喝到奶。

Q 如何观察宝宝是否真的喝到母乳了?

- 当宝宝含乳头的方式正确时，在快速吸几口后，会转变成慢而深的吸吮，同时间隔着休息。

- 妈妈在刚开始时可能感觉乳头会有点疼痛，但几分钟后，疼痛感就会消失；如果持续疼痛，就表示宝宝含乳头的方式有问题，可以试着用手指轻压宝宝的嘴角，让宝宝张开嘴巴停止吸奶，将乳头抽出，再试一次。

- 宝宝吸奶时，若能吸到奶水，他的两颊不会极度凹陷至仿佛很用力吸吮，且吸奶时，也不会有啪嗒的声音。

- 若能吸到奶水，宝宝的吸吮速度会逐渐变慢变深，约1秒1次。最后，可以观察宝宝的喉咙有没有吞咽的动作和声音，若有上述现象，就表示宝宝真的喝到母乳了。

Q 新生儿喝母乳的时间短，这样能喝饱吗?

　　在生产过后的头几天，喂食的时间可能比较短，宝宝有时只吸一侧乳房后就睡着了，但记得要尽可能让他也吸到另一侧的乳房。慢慢地，他就会逐渐延长吸奶的时间。

　　最好让宝宝决定吸吮时间的长短，不过，若每次都超过 50~60 分钟，就要特别留意宝宝吸奶的姿势是否正确。如果宝宝含乳姿势不好，就要终止吸吮，以免造成乳头疼痛。此外，每侧乳房喂食的时间不宜太短，以免他只吃到前奶，因前奶的脂肪量低，宝宝体重增加的速度会变慢。

Q 宝宝吸吮的时间越长，就表示喝得越多吗？

许多专家都建议，**4 个月以下的宝宝应该依"体重"来制订喂奶的标准，每 1 千克体重平均每天应该摄取 150 ～ 180 毫升的奶**。以 3 千克的新生儿为例，1 天要喝 450 ～ 540 毫升的奶水，可以分 6 ～ 8 次进食。但这些都只是原则，食量大的宝宝可能会增加喝奶水的量，而一般喝母乳的宝宝则不必限制喝奶量。

对母乳宝宝而言，并非宝宝吸吮的时间越长，就表示奶水喝得越多，要先排除宝宝含乳姿势错误的情况，并要看宝宝是否真的喝进了奶水。

Q 宝宝出现寻乳反应，表示要喝奶？

宝宝出生后的头几个月，会出现寻找食物的反射动作，这就是所谓的寻乳反应，也就是他的头会转向，同时会张开嘴巴，好像在找东西吃，或者妈妈用手指轻触他的嘴角，也会出现类似动作。这时宝宝可能会想含住任何碰到他嘴巴周围的东西，包括他自己的手。**有些宝宝会做出嘴巴张合、伸出舌头吸吮的动作，如果睡在妈妈身边，他会转向妈妈，用小手碰触妈妈，这些都是想要喝奶的表现**。若饿到哭，通常表示已经过饿，此时宝宝已没有耐心去含住妈妈的乳头喝奶。因此，最好的哺育方式是在宝宝出现寻乳反应时，就喂他喝奶，不要等到哭了才喂。

Q 如何判断宝宝是否喝饱了？

● **方法一：宝宝出生后前2个月，每天要喂食6～12次**

母乳容易消化吸收，宝宝几乎每 2 ～ 4 小时就要喝 1 次奶，有时候甚至不到 2 小时，尤其在晚上，这都是正常的，估计 1 天需要喂奶 6 ～ 12 次。

● **方法二：由体重来判断**

宝宝出生 1 周后，体重就会不再下降而开始回升，出生后 2 周内就能恢复到出生时的体重。以正常的成长速度，前 3 个月，每个月的体重约增加 1 千克，表示宝宝喝的奶水量足够。

● **方法三：从尿量判断**

宝宝是否喝足，可从尿量判断，如果 1 天尿湿至少 6 片纸尿裤，且尿的颜色不会太深，就可知道宝宝已摄取足够的奶水。

Q 宝宝没有吃饱的关键在于喂奶不顺?

宝宝没有吃饱大都和喂奶的过程、妈妈的心理因素有关。

宝宝没有吃饱的原因包括没有在出生后尽早开始喂奶、喂奶的次数不够多、晚上没有哺乳、喂奶的时间过短、宝宝含乳不好、宝宝身体欠佳或口腔有痰，或者妈妈缺乏信心、忧虑和受到周遭的压力、不喜欢哺乳等。

还有其他比较少见的原因——由妈妈的身体状况造成，如妈妈使用药物、严重营养不良、生气、饮酒或抽烟等。

Q 宝宝体重没增加，表示奶量不足?

产后的前 2 周，每天哺乳 6 ~ 12 次，大约每 2 小时哺乳 1 次，日后会逐渐调整成每 3 小时喂 1 次奶。3 个月后，平均每 4 小时喂 1 次奶即可。不过要视宝宝本身的状况做调整，若习惯每 2 ~ 3 小时就要喂奶，则不要勉强改为每 3 ~ 4 小时才喂奶。**若宝宝体重没有增加，又不易入睡，有可能是因为奶量不足。**

该如何观察奶量是否足够? **如果乳房胀得大大的，且从乳头处会滴滴答答地流下奶水，或乳头前端向上突出，轻轻一压，奶水就会流出时，就表示奶量充足。**如果没有类似的现象，则表示母乳的分泌量较少。

Q 素食妈妈的宝宝营养足够吗?

大部分素食妈妈是不需要特别补充营养的，不过有些全素妈妈或宝宝可能会缺乏维生素 B_{12}，从而影响日后宝宝的神经系统发育。由于维生素 B_{12} 的主要来源是动物性蛋白质，因此建议不吃肉类和蛋奶制品的全素妈妈要额外补充维生素 B_{12}。

建议哺乳期的妈妈们食用些大豆制品，因有些发酵的大豆制品或酵母都是维生素 B_{12} 的来源。大豆、核桃、亚麻籽油等含有 DHA，可以帮助宝宝的视力和脑部发育。此外，要让宝宝有适当的日晒，以补充足够的维生素 D。

小贴士 避免宝宝饿肚子的方法

- 当宝宝想吃时就喂，不要限制吸奶的时间和次数。
- 注意宝宝含奶的姿势是否正确，只有姿势正确才能将奶水顺利吸出。
- 妈妈要保持愉悦的心情，因为压力会让奶水量减少。只有保持愉快的心情，才能让奶水源源不绝地分泌出来，或可尝试一些刺激奶水分泌的方式。

Q 喝奶时间到了，若宝宝还在睡，要叫醒他吗?

虽然有许多专家学者认为，给宝宝固定作息时间是件好事，不过，好的睡眠对宝宝来说也是非常重要的。因为人体中提供成长所需的生长激素只有在深睡状态中才会分泌，**如果强迫宝宝起床喝奶，会出现类似成人般睡不饱、情绪不好的状况，若再强迫他喝奶，反而容易呛奶。所以如果宝宝成长发育良好，就不必担心睡太久会吃得较少的问题。**

从另一种角度想，宝宝饿了自然就会醒了，只要一天喝的奶量足够，妈妈就不用担心！但若宝宝每天喝奶的次数常常少于 5 次，就要注意他的体重是否增加，避免宝宝过于贪睡而忘记喝奶。

Q 宝宝喝奶又快又急怎么办?

1 个月内的新生儿喝完奶后，2 ~ 3 小时就会饿，纯母乳喂食宝宝的时间会更短，但为了调整宝宝的作息，常常会固定 3 ~ 4 小时才喂 1 次奶，这样就容易让宝宝因受不了饥饿而哭闹。若有这种情况，宝宝喝奶时就会狼吞虎咽，又快又急，因而容易吸入过多的空气，导致胀气。

事实上，**多久喂 1 次奶应依每个宝宝的情况决定，对于喝奶又快又急的宝宝，妈妈可在喝奶过程中让他多休息，每喝完一小段时间，就先帮他拍背排气，也可以擦一点胀气膏帮助他排气，以免因吸入过多空气而溢奶。**

Q 宝宝边睡边喝怎么办?

饿了就吃可以说是正常的生理反应，**如果宝宝边睡边喝，或爱吃不吃，大都表示"他不饿"。**因此，如果宝宝喝奶的时间拖得太长，动辄就要 1 小时，建议干脆停止喂食。由于新生儿需要比较多的睡眠，若没有完全睡醒，就容易拖长喂奶时间，如果宝宝在喝奶时睡着，不妨拉拉他的耳垂、搔搔他的脚底，以避免他含着乳头睡觉。

边睡边用奶瓶喝奶的习惯，容易造成宝宝日后出现"奶瓶性龋齿"，即使还没长牙，也应避免。所以，当宝宝喝着喝着就睡着时，请立刻停止喂奶，不要让他养成习惯。宝宝若饿了，自然会醒来，这时再喂奶，就可避免宝宝喝奶喝到睡着的情况。

Q 喂奶需要有规律吗？

应按照宝宝的正常生理状况喂食，尤其在新生儿阶段，还是符合宝宝本身的作息规律较好，但不要因此误解"饿了就吃"的喂食方法。很多妈妈把宝宝哭闹当成饿了，只要一哭就喂，会让宝宝产生哭闹和喝奶的条件反射。

满2个月的宝宝，大约4小时就要喂1次奶，估计1天需要喂食5～6次；2～4个月的宝宝，因为每餐的进食量较多，可以延长喂食时间，大约1天5次；等到宝宝5个月以上，1天喂4次奶就足够了。当然，这得视宝宝辅食的进食状况而定。如果是早产宝宝或出生时体重过轻，更应该增加喂奶的次数或喂奶量。无论如何，只要宝宝强烈表现出想喝奶的需求，当然就要及时给予满足。

Q 母乳宝宝需要喝开水吗？

母乳含有丰富的水分，即使天气很热，也不必额外添加水或葡萄糖水。医学研究发现，在宝宝出生后的1～2周，若是额外喂宝宝水或葡萄糖水，反而会增加宝宝出现黄疸的可能性。不管是母乳宝宝，还是配方奶宝宝，当开始吃辅食后喝奶量减少，就需要开始添加水分，避免因水分摄取不够发生便秘。

至于是否需要添加配方奶，除非是妈妈有特殊状况或有疾病，否则宝宝出生后的1个月内，也就是坐月子期间，最好不要添加配方奶，这样更能增进亲子关系，而且宝宝喝母乳长得好，能增强免疫力，妈妈也能尽快恢复身材，一举多得。

小贴士 给妈妈的喂奶建议

❶ **少食多餐刺激乳汁分泌**：3个月内的新生儿仍应以少食多餐的方式喂食母乳，这样也正好可以让奶水的分泌变正常。

❷ **观察宝宝的饥饿暗示**：虽说喂奶不应按表操课，但妈妈应随时观察宝宝的吸吮反应，只要他出现饥饿暗示就喂奶，不要等到哭了才喂。

母乳的保存

Q 怎样挤奶?

用手挤奶

最好自己挤奶,如果让别人做,乳房容易受损。挤奶前用肥皂、流动的水洗净手,采取坐姿或站姿皆可,以自己感觉舒适为宜。先用热水袋热敷乳房数分钟(避免敷及乳头和乳晕),将拇指和食指放在距乳头根部 2 厘米的地方,两指相对,其他手指托住乳房。两指必须压在乳晕下方的乳窦上,向胸壁方向轻轻挤压。按此方法 360°挤压乳晕,要尽量使乳房的每一个乳窦内的乳汁都被挤出。需注意不可压得太深,否则会引起乳导管堵塞。反复一压一放,几次后就会有奶滴出。一侧乳房需要挤压 3~5 分钟。

自己挤奶以不引起疼痛为宜,否则表示方法不正确。

用吸奶器挤奶

按照产品说明操作即可,但需要注意对吸奶器进行清洗和消毒。

Q 母乳如何储存?

储存母乳的过程直接影响母乳的品质,要多加注意,可以使用市售母乳袋储存。**无论使用何种容器储存,都须注意不要放太多奶水,以免喝不完丢掉可惜**,也避免奶水在冷冻的过程中胀破容器。

Q 母乳的储存期限是多久?

挤出的奶水若没有在 1 小时内喝完,就应该立即放入冰箱;若要送到医院给生病儿或早产儿食用,应将挤出的奶水置入消过毒且可密闭的硬容器,以降低奶水受污染的概率,并尽快送达医院。

小贴士

为挤出足够的奶,每次的挤奶时间需持续 20~30 分钟。挤完奶封口后,需要在奶瓶或奶袋上标明挤奶的时间,如 ×年×月×日×时,并立即放入冰箱储存。每个容器内的储存量以一次哺乳量为单位,以免浪费。

给足月健康宝宝母乳的储存时间建议

储存处 ＼ 奶水状况	刚挤出来的奶水	在冷藏室内解冻的奶水	在冰箱之外，以温水解冻的奶水
冷藏室（0~4℃）	24小时	24小时	4小时
独立的冷冻室	3个月	不可再冷冻	不可再冷冻
-20℃以下的冷冻库	6~12个月	不可再冷冻	不可再冷冻

Q 冷冻过的母乳如何回温？

冷冻过的母乳，可在要喂奶的前一晚先拿出冷冻库，放到冷藏室慢慢解冻（约需 12 小时），也可以放在流动的温水下隔水解冻。等到要喂奶时，再将冷藏过的母乳放在室温下退凉即可。此外，**也可以将奶瓶放在装有温水的容器中回温，但水温最好不要超过 60℃，且水位不能高过瓶盖。**

Q 没喝完的回温母乳可以再次回温吗？

回温过的母乳，只能在一餐中喝完，千万不要留到下次喂奶时再次回温。 因为奶水若回温后又反复冷冻加热，容易增加细菌滋生的机会，母乳中的营养物质也会一再被破坏，从而失去营养。

至于冷冻母乳要解冻时，最好用 60℃ 左右的温水解冻，回温不要超过 40℃，回温后，要立刻喂给宝宝喝，喝不完的则丢弃。**如果把整包冷冻母乳放进微波炉或热水中加热，会破坏母乳中的免疫物质，一定要注意避免。**

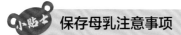 **保存母乳注意事项**

- 在容器外贴上挤奶的日期和时间。
- 注意挤奶过程的卫生，挤奶时不要碰到容器的内侧。
- 不要放在冰箱门边，尽量放在冰箱内部，这样可减少开关门对温度的影响。
- 冷冻过的奶水，油脂会浮在奶面上，有两层是正常的，只要回温后稍微摇晃即可。

小贴士 **奶水解冻注意事项**

- 绝对不要用微波炉解冻。
- 食用前可先轻轻摇晃，让奶水混合均匀。

哺乳期妈妈要怎么吃?

Q 哺乳期妈妈该如何补充营养?

哺乳期妈妈每天会消耗 500 ~ 1000 千卡的热量，这也是哺育母乳可以瘦身的关键。虽然营养不良的妈妈也可以产生足够的奶水给宝宝喝，但为了自己的身体健康及奶水的营养，还是应该注重哺育母乳时的营养摄取。

一般来说，**哺乳期妈妈的营养应该要比一般人更均衡**，五大类营养成分（碳水化合物、脂肪、蛋白质、维生素及矿物质）都要摄取，且**除了三餐，还可以多吃 1 ~ 2 餐点心**，最好以汤汤水水的食物为主。继续服用怀孕期间食用的复合维生素，也是不错的营养补充方式。

Q 哺乳期妈妈偏食，宝宝也会偏食?

美国《健康日报》的报道指出，人们对食物口味的偏好度，除了基因的影响，也受环境的影响，而影响宝宝口味、偏好最大的阶段，是宝宝 3 ~ 4 个月大时。

研究指出，**母乳宝宝对食物的口味、偏好和接受度，会受到妈妈的饮食偏好影响，而这个记忆会造成他日后对食物的喜好度**。由于味道是由味觉跟嗅觉共同组成的，从婴儿时期对食物形成的记忆，确实会影响未来对食物的感觉，这也就是有人喜欢重口味、有人特别喜欢吃蔬菜的重要原因。

Q 哺乳期妈妈的饮食原则

清淡适宜

哺乳期妈妈应少吃或不吃葱、大蒜、花椒、辣椒等辛辣、刺激食物，菜里少放盐。

荤素搭配

不同食物所含营养成分的种类及数量不同，而人体所需的营养是多方面的，只有科学搭配食物，才能摄取足够营养，满足身体的需要。

少食多餐

哺乳期妈妈每日以 4~5 餐为宜，有利于胃肠功能的恢复，可减轻胃肠负担。

Q 哪些食物有发奶的功效？

能够帮助发奶的食物，几乎都含有高蛋白、高油脂的营养成分。哺乳期妈妈除了每天要摄取足够的水分（2000 ~ 3000 毫升），也应该多吃这类食物（鸡汤、鱼汤、花生、猪蹄等），补充足够的营养，奶水就会源源不绝。

Q 哪些食物吃了会退奶？

除了发奶食物，也有退奶食物，**如韭菜及麦芽水（将麦芽草煮成水，不加任何调味料）就可抑制乳汁分泌，有退奶功效。**虽然没有获得具体的科学验证，但许多哺乳期妈妈试过，有相当显著的效果。

此外，凉寒性的食材也会引起退奶，如人参、麦茶、竹笋、薄荷、菊花茶、芦笋和水梨等。

Q 如何追奶？

如果想"追奶"，最好的方式是每次哺乳 1 小时后，再排空乳汁，可以用手或挤奶器将乳汁挤入奶瓶，让宝宝下一餐食用。追奶虽然辛苦，但若能持续亲喂宝宝，再多吃一些发奶食物，通常能把奶量给追回来。

小贴士 会令宝宝躁动的食物

- **含咖啡因多的食物**：如咖啡、巧克力、可乐及茶叶中都有咖啡因，如果妈妈 1 天的摄取量少于 300 毫克，对宝宝的影响不大，但若长时间摄取大量咖啡因，则可能使宝宝出现躁动不安、睡眠不良的现象。
- **刺激性食物**：如大蒜、辣椒等，气味会反映在母乳中，若宝宝不喜欢这类味道，也会让他心生抗拒。
- **致敏食物**：若父母双方或其一方有过敏体质，对于个人或家族中已确定过敏的食物需避开，无须刻意避开所谓高过敏食物，因如同打预防针，借由母乳先行提供一些过敏原，刺激宝宝自然产生一些抗体去适应。

哺乳期妈妈可以服药吗?

Q 哺乳期妈妈可以服药吗?

妈妈吃的任何东西,大多会出现在母乳中,包括药物。但是**绝大多数药物囤积在母乳中的量很少,一般对宝宝来说没有大的影响。不过在哺育母乳期间,还是应提醒开药的医师,少用可能影响宝宝的药物。**

除了有些抗癌药物会干扰哺乳宝宝的细胞代谢,影响他的免疫力及抑制造血的功能,其余药物对宝宝的影响不大,只要小心即可。如果妈妈需要服用抗生素来治疗乳腺炎,应该谨遵医嘱服用药物,服完整个疗程,以免影响治疗效果。

虽然会经由母乳影响胎儿的药物种类很少,但妈妈若仍旧担心,**可以稍微调整一下服药的时间,如喂完奶后立刻服药,或在宝宝预计会睡较长时间的那一餐服药,都可以减少药物对宝宝的影响。若真的很担心,可以放弃在服药期间母乳喂养,但提醒妈妈仍要照常挤奶,才能维持奶量。**

Q 有哪些药物是哺乳期妈妈最好不要碰的?

哺乳期妈妈服用以下药物时对宝宝有影响。

- **抗癌药物:** 抗癌药物会干扰宝宝的细胞代谢,影响宝宝的免疫力及抑制造血能力。

- **磺胺类药物:** 磺胺类药物会干扰新生儿体内黄疸对脑部的影响,在宝宝刚出生的第一个月最好不要服用。

- **抗忧郁、焦虑药物:** 如果哺乳期妈妈长期服用此类药物,可能会对宝宝的中枢神经造成长期的影响。

- **四环素类药物:** 研究显示,四环素类有可能使宝宝的牙齿出现染色或影响骨骼发育。

哺乳期妈妈服用以下药物时,对宝宝影响不大。

- **局部麻醉药物:** 这类药物不会被宝宝的肠胃吸收,因此安全性高,至于全身麻醉使用的药物也像其他药物,只有极少量会进入母乳,也不太可能对宝宝造成影响。

Q 妈妈感冒时更要喂宝宝喝母乳？

　　妈妈感冒时，不论宝宝是否喝母乳，都可能经由空气或飞沫而感染相同的病症。**从母乳中，宝宝能得到妈妈体内的抗体，反而能使症状减轻，也就是说，这时候更需要哺食母乳。**

　　不过，妈妈感冒时，在近距离接触或照顾宝宝前，务必先洗手，且戴上口罩，避免口沫、喷嚏直接接触到宝宝。

Q 哺乳期妈妈抽烟，宝宝会吸到尼古丁吗？

　　香烟里的尼古丁会进入妈妈的血液，也会使得母乳宝宝由母乳中摄入微量的尼古丁。根据国外研究指出，长期通过母乳吸收尼古丁，会对宝宝造成不良的影响。因此，为了宝宝的健康，自己或家人都尽量不要抽烟。

Q 哪些疾病会通过母乳传给宝宝？

- **乙型肝炎**：乙型肝炎会经由生产过程垂直传染给宝宝，让宝宝也感染此病，因此医院会要求宝宝在出生后，随即注射乙型肝炎球蛋白及常规的乙型肝炎疫苗。目前，母乳中虽可分离出乙型肝炎病毒，但许多医学报告都已确定，只要宝宝有注射常规的疫苗，就不会增加宝宝感染的概率。
- **艾滋病**：艾滋病主要经由血液传染，但现在仍无法确定宝宝若感染了艾滋病，是否和母乳哺育有关。但还是建议患有艾滋病的妈妈，不要母乳哺育。
- **结核病**：患结核病的妈妈，体内的病毒会经由子宫传染给宝宝，虽然不会经由母乳传染，但是如果妈妈的结核病有传染性，还是应该跟宝宝分开，避免感染。
- **疱疹**：疱疹不会经由母乳传染，若疱疹的位置在乳头、乳晕附近，就要避免让宝宝直接吸吮。

哺乳期妈妈最常问的问题

Q 剖宫产妈妈何时开始哺育母乳？

剖宫产妈妈因为只有半身麻醉，妈妈是清醒的，**所以生产后随时都可以要求和宝宝有肌肤相触的机会，而且和顺产妈妈一样，产后越早开始哺育母乳，就可以越早让宝宝习惯你的气味、声音**，让宝宝习惯吸吮你的乳房，降低胀奶的不适感，同时让你的奶水更充足，这也是母婴同室的重要性。

如果宝宝在身边，可以很容易观察宝宝的喝奶需求；但若宝宝住院无法在身边时，医生会视情况尽早安排喂食宝宝。

不要担心因为宝宝没立刻吸吮乳房而没有奶水，生产后的泌乳反应会自然开始作用，且刚出生的宝宝奶水需求也不多，刚好与妈妈初分泌的奶量相当。

Q 添加米酒的补品，哺乳期妈妈能吃吗？

医师建议，产后妈妈1周内不要吃添加米酒的食物。**因传统的进补食品，如麻油鸡、麻油腰子等，在烹调过程中会加入米酒，请产后妈妈1周后再食用。**

米酒的添加量则需考虑产妇体质和个人酒量，以"适量"为原则。因为米酒会转换到乳汁中，建议将米酒煮开至酒精全部挥发后再食用，以免婴儿喝到太多残留的酒精。

由于婴幼儿的肝脏功能较弱，代谢酒精的能力不如成人，**若一定要喝添加米酒的补汤，请哺乳完后再进食，或饮用后3小时再哺乳，并酌量饮用。**

Q 母乳宝宝的排便次数1天9次都属正常？

通常喝母乳的宝宝较少有便秘的困扰，刚出生的宝宝，有时甚至会1天排便6～9次，这是因为新生儿每2～3小时就要喝1次奶，且新生儿的肠胃是直肠反射，所以频繁地喝奶会使排便次数居高不下。等到宝宝4～6个月大，肠胃功能比较成熟，喝奶的次数减少，间隔时间长后，排便的次数就会渐趋正常，1天1～3次。

到了6个月以上，宝宝的排便次数会再次减缓，因为这个阶段母乳的浓度会变低，且宝宝的胃肠道功能逐渐成熟，能完整吸收母乳的养分，同时开始吃辅食，排便次数会和大人相近，1天1次或2天1次。

1岁以上还在哺育母乳的宝宝，有时也会4～5天才排便1次，只要宝宝的胃口佳、活动力不错，且便呈条状，排便时没有痛苦的感觉，都算正常。

Q 宝宝出现黄疸还能再喂母乳吗?

黄疸是一种亚洲宝宝常见的现象,和哺育母乳没有直接关系,因此不需要停止哺育母乳。但当宝宝出现皮肤泛铜黄色、大便颜色变白(也有可能是胆道出现问题的现象),或宝宝的活动力、吸吮力变差时,有可能是受到细菌感染或尿道感染,就要请医师诊治。

在哺育母乳期间出现黄疸有两种可能,即早发性黄疸和晚发性黄疸。根据研究发现,出生后每天喂食母乳 8 ~ 12 次的新生儿,较少出现黄疸现象,也就是说喂食母乳次数较多的新生儿,不容易有黄疸。

晚发性黄疸通常是在宝宝被带回家后 10 ~ 14 天,发现宝宝的皮肤仍然黄黄的,甚至比出院前更黄,造成这种现象的原因跟母乳中的一种特别成分有关,这样的黄疸现象会持续到宝宝 2 ~ 3 个月才逐渐消退。宝宝出生后 2 周内,若黄疸明显,则需要到医院检查胆红素是否过高,以决定是否需要治疗。

Q 妈妈亲喂如何防乳腺炎?

在喂完母乳后,事后的处理也很重要,若乳腺中有过多母乳残留,又置之不理,则容易引发乳腺炎。因此,**当宝宝喝饱后,最好再挤 1 次奶,挤到母乳不会大量流出时即可。此外,也可以将后奶挤出,稍微涂抹于乳晕及乳头上,帮助乳晕和乳头保持滋润。**

若平时喂母乳很顺利,但妈妈的乳房突然开始疼痛,且宝宝食欲变差、脾气不佳,可观察宝宝的口腔中是否有白色乳酪状的鹅口疮,若有,则是感染了念珠菌,需立刻到医院涂抹抗霉药粉,持续治疗 3 ~ 4 天即可改善。

Q 有乳腺炎可以哺乳吗?

如果乳汁没有完全吸净,可能造成乳房组织发炎,就是所谓的非感染性乳腺炎;但有时乳房也会被细菌感染,成为感染性乳腺炎。

出现乳腺炎时,妈妈通常会觉得局部有硬块且非常疼痛,皮肤发红,甚至会发热及感到疲惫。这时一定要将乳汁全部挤出,才能改善。**即使乳腺发炎了,也可以持续哺育母乳,并不会增加宝宝感染的概率。**

通常只要乳房的奶水被挤出来后,乳腺炎就会好转,但如果情况严重,且有明显的发热现象,或乳头出现破皮或裂开的状况时,就需要请医师诊治,但这时仍可考虑继续喂母乳。

Q 妈妈的心情会影响泌乳量吗?

妈妈乳汁分泌的多寡，和正确哺乳及宝宝的刺激次数有关，也就是说，**吸得越多、乳汁分泌也会越多**；不过，妈妈本身的营养、健康和心理状况，也是影响乳汁分泌的重要因素，**有时妈妈承受太多的压力，就会出现奶量不足的现象，这是正常的**！只要经常按摩刺激乳房、摄取足够的营养、保持愉悦的心情、作息正常，就可以让乳汁分泌足够。

喂母乳请放轻松，过度担心要求全母乳反而会因压力过大而导致泌乳量减少，这时可适当地用配方奶加上饮食调理，多喝水或汤，再逐步增加奶量即可。

Q 奶量不够的解决方法有哪些?

判断奶量是否足够，可以观察宝宝体重的增加速度、尿量的多寡、母乳的哺育次数等，如果发现奶量真的不足，也不用过于自责。

奶量不足的情况通常都是暂时性的，原因可能是妈妈开始上班、居家环境改变、宝宝或妈妈生病，或妈妈过于劳累、工作压力大等，也可能是足以影响妈妈情绪的问题过多，从而影响乳汁的分泌及影响喷乳反射。只要情绪恢复，增加挤奶、让宝宝吸奶的次数，或吃发奶食物，通常几天后就可恢复奶量。

每天要喝2000毫升水、汤、豆浆等，再加上持续进行乳房按摩、挤奶等动作，并耐心地让宝宝吸奶，增加喂奶或挤奶次数，一日6次，虽然费时间，但有不少妈妈因为这样的动作而使泌乳量增加。如果这些努力都做过了，还是无法改善，也可以考虑用配方奶来补足。

Q 母乳不足，可以与配方奶一起喂吗?

尽可能让宝宝只喝母乳。若是因为母乳分泌量不足，担心宝宝吃不饱，可以考虑暂时用配方奶补足，建议只要能挤出一些母乳，就不要轻易放弃让宝宝吸母乳。也就是说，**即使想要以配方奶补足宝宝的食量，也应该以母乳为先，不足部分再以配方奶补充。**

每次喂奶时，最好让宝宝吸吮两侧乳房各5～15分钟，可刺激增加泌乳量，也能加强亲子间的交流。若母乳真的不够宝宝喝，再考虑喂配方奶。

Q 为何有时奶水浓稠，有时却稀稀的?

妈妈摄取的营养会直接反映在奶水上，若饮食中的油脂、蛋白质较多，又正好是乳汁的制造原料，奶水会较浓稠。相反，若妈妈饮食较清淡，会发现即使每天喝很多汤汤水水，奶水仍稀，所以宝宝可能不到2小时就饿了。

也就是说，**妈妈在补充汤水时，还是要多留意饮食的内容，多吃高蛋白的食物，才能分泌出浓稠的奶水。**

Q 上班族妈妈如何持续哺育母乳？

上班族妈妈可以持续哺育母乳，很多职业女性能持续哺喂母乳直到孩子2～3岁。秘诀在于**上班前先亲喂宝宝喝奶，上班期间再利用休息时间挤奶，冷藏后带回家，留给宝宝第二天喝**，回到家后再直接亲喂宝宝喝奶。当然，这种方式必须靠照顾宝宝者的支持和耐心配合，才能顺利完成。

同时，上班族妈妈要想办法获得老板的支持。母乳喂养并不只对妈妈和宝宝好，雇主也能从中受益。如果你能让老板明白这个道理，就能更容易地获得他的支持。你可以让老板了解以下几点。

（1）工作单位如果为哺乳妈妈提供母乳喂养的支持，哺乳妈妈的工作满意度更高，工作效率也更高（泌乳和工作表现均出色）。

（2）母乳喂养的宝宝很少生病，即使生病，也比配方奶喂养的宝宝症状轻。宝宝不用经常看病，所以用于医疗保健的费用较少，妈妈的缺勤率比配方奶喂养宝宝的妈妈低很多。

（3）母乳喂养的妈妈受泌乳激素的影响，心情放松，脾气也更平和。

Q 妈妈怀孕了，就不能再哺育母乳了？

很多人误以为怀孕后就不能再哺育母乳，其实不完全正确，**只要妈妈愿意，还是可以继续喂奶**。然而，由于奶量可能不够，宝宝必须搭配其他固体食物，营养才会足够。但对一些**怀孕时比较容易有并发症或流产概率较高的妈妈**而言，**要小心因为乳头的刺激而造成早期宫缩。**

怀孕时，奶水的分泌量确实会降低，不过，如果这时宝宝已经开始吃固体食物，这就不是问题了，有时宝宝会因奶水不足而停止吸奶。

Q 补充配方奶后，宝宝就不爱吸母乳了？

吸奶瓶比吸吮妈妈的乳房要轻松得多，不需要使尽力气就能饱餐一顿，因此有许多宝宝喝了配方奶后（严格来说应该是用奶瓶喂奶后），就不爱妈妈亲喂母乳。

建议至少持续哺育母乳直到宝宝6个月大，如果宝宝不愿意吸母乳，也应该将母乳挤出，用奶瓶喂养。若需喂配方奶，也最好是以配方奶补足不够的母乳量，**应该先让宝宝吸食母乳后再喝配方奶较佳。**

Q 宝宝断奶后，乳房怎么护理？

宝宝断奶后，乳腺还是会分泌母乳一段时间，如果置之不理，母乳会残留在乳腺，可能造成乳腺炎，因此，断奶后务必做好乳房的护理工作。

当妈妈准备停止授乳时，母乳的分泌量就会逐渐减少，这时如果仍觉得乳房热热胀胀的，可以用湿毛巾冷敷，如果疼痛难耐，不妨稍微挤出一些乳汁，只要挤到第三天，乳头周围变得柔软的程度即可。

3天以后只要挤出少量母乳，让乳腺保持畅通即可。之后，拉长时间，每隔1周、2周、1个月，都挤出少量乳汁，最后等到挤出像初乳般高浓度的乳汁时，就表示乳房护理完成了。

Q 母乳宝宝喝母乳可以喝到几岁？

根据美国儿科医学会的建议，妈妈可持续哺乳宝宝到1岁以上；世界卫生组织则建议最好持续哺育母乳2年。当宝宝开始补充辅食时，妈妈乳汁的分泌量也将逐渐减少，**1岁后成功换成幼儿食品，正常饮食已能摄取充分的营养时，可以开始考虑让宝宝不完全依赖母乳。**

不过，即使宝宝开始吃辅食，母乳仍是大部分维生素、蛋白质、脂肪及消化酶的来源，且可使宝宝的精神安定，因此喝到2～3岁都没关系。但若怀了下一胎，即可考虑让宝宝断奶，因为乳头受刺激容易让子宫产生收缩，使流产或早产的概率升高，这时是断奶的好时机之一。

小贴士 适度挤奶，改善胀奶不适

如果上班时胀奶情形很严重，可稍微挤掉一些，减轻不适感，若没有定时挤出奶水，很可能几天后奶的分泌量就会减少。

小贴士 上班族妈妈哺乳要诀

- **让宝宝学会两种进食方式：** 在宝宝出生后的前2个月，尽量让宝宝喝母乳，到了快上班的前1～2周，再让宝宝学习使用奶瓶喝奶，这时候，宝宝对乳头与奶嘴发生混淆的可能性就不大了。
- **调整喂母乳的时间：** 如果上班的地方不适合挤奶，就在上班前先哺育1次母乳，其余时间让宝宝喝配方奶，等到下班适合后，再持续哺育宝宝母乳。不过，在上班前1～2周，就要开始逐渐减少白天喂奶的次数，免得上班时胀奶不舒服。

【新生儿阶段】配方奶宝宝

如何选购婴儿配方奶?

Q 什么是婴儿配方奶?

婴儿配方奶是指以乳牛或其他动物的乳汁,以及其他动植物提炼成分为基本组成,再添加类似母乳中的营养成分,能提供婴儿生长发育所需的人工合成奶类。通常在母乳不足、妈妈有特殊疾病而无法哺喂母乳时作为母乳的替代品。

目前市面上的婴儿配方奶大致分为适合一般婴儿食用的以牛奶为基础的婴儿配方奶,须经医师、营养师指示才可喂食的特殊配方奶,以及早产儿配方奶三种。

Q 配方奶营养够吗?

依照美国食品药物管理局(FDA)的规定,婴儿配方奶中的所有成分都必须是被认可的安全食物成分,或者是可以作为食物添加物,才能被添加在婴儿配方奶中。

所有婴儿配方奶上市前,制造商都必须出示证明,确保所添加的每项营养

成分皆合乎品质及安全要求,国家卫生部门也会确认其有良好的制造流程、安全的管理保障,才会让商品上市。

婴儿配方奶虽不像母乳般拥有丰富的免疫物质,但营养成分是仿照母乳来调配的,各种营养比例虽和母乳不尽相同,但仍含有必要的营养成分。

在不易获得奶类制品的边远地区,以及对牛奶蛋白过敏、乳糖不耐受的宝宝,可用大豆为主体蛋白的代乳品。

Q 如何选择婴儿配方奶?

市面上的婴儿奶粉品牌很多,购买前须先确认是否有国家认证的健康标志,还要考虑宝宝的月龄、生理(早产儿、足月儿)及病理状况(乳糖不耐受、牛奶蛋白过敏、短肠综合征、苯丙酮尿症等)。

此外,**知名品牌是选择的主要依据;食品标示和营养成分更是必备重点。**总之,切忌购买不符合上述条件及来路不明的奶粉。

Q 配方奶宝宝需要喝水吗?

6 个月以下的婴幼儿,喝奶就能吸收足够的水分,喝水则可能影响宝宝食欲,或减少喝奶量,所以不必让宝宝多喝水,但若喝奶后喝两三口水漱漱口则无妨。

一般的配方奶都会标示冲泡时奶粉和水的比例,通常比例是水占 87%、奶粉占 13%。婴幼儿喝配方奶时已喝下足够水分,母乳的水分含量更高,因此,只要按时喂奶,就无须担心宝宝水分摄取不足。遇到宝宝发热时,需要增加喝水量,亦可增加喝奶量获得水分。

Q 宝宝喝配方奶较易感染嗜血杆菌?

配方奶以牛奶、羊奶为主要原料,营养层面上以母乳为依据调配而成,却不像母乳般拥有丰富的免疫物质,能保护宝宝不受外界的侵害,营养成分的吸收也不如母乳。**喝配方奶的宝宝,受嗜血杆菌感染的概率比喝母乳的宝宝高出 4 ~ 16 倍。**

此外,配方奶受污染的概率也较高,如因制造过程产生的毒奶粉事件,或因制造或保存过程不当而隐藏于奶粉中的细菌及重金属等。

Q 什么是婴儿特殊配方奶?

婴儿特殊配方奶是指一些有特殊生理状况的婴儿食用的经特殊加工处理的奶粉,**这类婴儿配方食品,必须在医师、营养师的指导下才可食用。**

Q 水解蛋白配方奶可以预防过敏?

　　所谓水解蛋白配方奶，其蛋白质经过酶水解和加热的作用，可分解成很小的分子，使牛奶蛋白中原本会导致过敏的结构被破坏，所以可以降低致敏的概率。

　　一般来说，水解程度越高的配方，因为分子量越小，所以预防过敏的效果也相对较佳。根据蛋白质分子量的大小不同，水解蛋白配方奶又可分成完全水解及部分水解两种。

Q 乳糖不耐受宝宝该喝什么奶?

　　宝宝在婴幼儿期出现乳糖不耐受时，容易因为严重的腹泻造成脱水或体内电解质失衡，严重时可能危及生命。所以当宝宝有乳糖不耐受现象时，必须避免食用所有含有乳糖的食物，包括一般的配方奶粉，可改喝豆奶，或者选用不含乳糖的奶粉。

 特殊配方奶的种类

- **不含乳糖的婴儿配方奶**：适用对象为腹泻或对乳糖耐受度不高的婴儿，原料为以牛乳或黄豆为基础的无乳糖婴儿配方奶。
- **部分水解奶粉**：适用于较轻微腹泻或过敏的婴儿。
- **完全水解奶粉**：适用于严重的腹泻、过敏或短肠综合征的婴儿。
- **早产儿配方奶**：将主要成分乳糖替换为葡萄糖聚合物，并且以中链脂肪酸取代部分长链脂肪酸。

小贴士 **消毒奶瓶到宝宝6个月**

　　奶瓶的消毒最好坚持到宝宝6个月大，因为6个月内的宝宝胃肠道较弱，需注意器具清洁，以免宝宝感染胃肠炎而影响成长。

奶瓶该怎么挑?

Q 如何选购奶瓶?

玻璃奶瓶

优点: 不易刮伤、好清洗、装母乳可隔水加热、加温,不易起化学变化。

缺点: 较重,宝宝学拿奶瓶时易摔碎。

PC塑料奶瓶

优点: 较轻、耐摔不易破。

缺点: 易刮伤、易残留奶垢、不易清洗,冲泡配方奶或用蒸气消毒时,易产生化学毒素。

注意事项: 现在已不建议使用。

PES奶瓶

优点: 较轻、耐摔且不易破裂,冲泡配方奶或蒸气消毒时不易产生化学毒素,不含环境激素,耐热180℃,可微波炉加热。

缺点: 易残留奶垢,不易清洗。

注意事项: 奶瓶内若有刮伤,须更换。使用专用奶瓶刷清洁,不容易刷伤瓶身。

Q 奶瓶如何消毒?

奶瓶或奶嘴都要消毒,又以"煮沸法"的杀菌效果较好。使用煮沸法时,须留意器具的耐热度。将奶瓶置入锅中,加冷水煮沸,5分钟后放入奶嘴,再煮3分钟即可。冷却后,将水倒掉并沥干。锅经煮沸后是无菌的容器,可将消过毒的奶瓶置入原锅,用原本的蒸气消毒。

Q 如何选择奶瓶上的奶嘴?

合适的奶嘴可避免呛奶并促进下颚发育。应选材质较硬,宝宝用力吸吮才能喝到奶的奶嘴。奶嘴的形状和尺寸,也是必须考虑的重点。

- **圆孔:** 若依吸奶力和月龄区分尺寸,新生儿最好选择小圆孔(S),喝奶很急的宝宝,则更应避免使用大圆孔(L)。
- **Y形孔:** Y形孔奶嘴出奶的量会随宝宝的吸奶力改变,因此不必更换尺寸,特征是宝宝吸起来比圆孔奶嘴还要吃力。
- **十字形孔:** 出奶原理跟Y形孔相同,开口较大,适合在添加米粉入配方奶中或喂果汁等有膳食纤维的饮料时使用。

怎么冲泡奶粉?

第四步

加奶粉。一般的婴儿配方奶粉罐中,皆会附赠舀奶粉的小汤匙,须注意的是,有些品牌是30克的,有些是60克的,且舀奶粉时,一定要采用平匙的方式,以免影响当初设计的浓度。

第一步

先消毒所有的器具。

第二步

手上的细菌多,在冲泡奶粉前,务必洗净双手。

第五步

要让奶粉充分溶解,一般是用手左右滚动。要提醒妈妈的是,切勿将手指盖在奶嘴孔上,以免手上的细菌沾染到奶嘴。此外,摇匀奶粉时不要上下摇晃,以免牛奶喷出,或以奶瓶盖盖住奶嘴,再摇匀。

第六步

将奶水滴在手腕内侧,只要是接近体温的温度,即可让宝宝食用。

第三步

加水。先加冷水再放热水,以免烫伤,市面上也有恒温的饮水机出售,但须确定饮水机中的水是经过100℃煮沸过的。

Q 不可以用饮水机里的水冲泡奶粉吗？

饮水机是方便的饮水来源，但水加热到 80 ～ 90℃时，饮水机会自动跳到保温功能。由于 1 岁以前的宝宝胃肠道发育尚未完全成熟，抵抗力也比较弱，若是喝到储存过久或杀菌不完全的水，容易导致胃肠炎，必须特别小心。

解决方式：水加热到 80℃左右即有杀菌效果，不必太过担心。若仍不放心，可将注入饮水机的水先煮沸，并定期清理饮水机，且饮水机中的水最好不要放置超过 3 天。请记住，自来水煮沸后，最好打开壶盖再多煮 5 分钟，让水里的氯随水蒸气排出，才能确保宝宝的健康。

Q 冲泡奶粉不宜先倒热水？

冲泡婴儿配方奶时，一定要使用杀菌后的水。将生水倒入饮水机加热，无法得知杀菌是否彻底，若有此疑虑，最好将煮沸的水倒入饮水机中。此外，平时也要维持饮水机的清洁，定期清洗内胆，否则即使倒入干净的水，也可能会受饮水机中细菌的污染。

至于冲泡奶粉的方式，**应先加入冷水，再加入热水，冲泡奶粉的水温建议为 40 ～ 60℃，因为水温过高可能破坏配方奶中的营养成分。**此外，一定要先将水盛到需要的量，再加入奶粉摇匀。

Q 冲泡奶粉是上下摇晃还是左右滚动？

盖上奶瓶盖，**最好以双手来滚动奶瓶，或用左右环状的方式摇晃奶瓶，将奶粉摇匀，以尽量不要产生气泡为佳。**若有气泡产生，只要在喂奶时，保持奶嘴前端充满奶液，就可以避免宝宝吸入过多空气而导致胀气。

Q 冲泡奶粉可以不照比例吗？

婴儿配方奶的浓度相当重要，多少水量搭配多少奶粉才适合宝宝摄取，都是经过研究的。**若泡得太浓，会使宝宝的身体无法负荷，容易增加肾脏负担，太淡则可能使宝宝无法摄取足够的营养。因此，千万不要随意调整浓度。**过去也曾遇到过宝宝喝的奶量足够，但体重没有增加的案例，一查才知问题在于浓度。

Q 用微波炉加热奶粉会温热不均?

绝对不要用微波炉加热奶粉,因为微波炉加热后的奶粉温度不均匀,可能因此烫伤宝宝的嘴。泡好奶粉后,必须先滴几滴在自己的手腕关节内侧,要感到稍微有点温度,才能喂宝宝喝。此外,奶粉热过1次,没喝完的就应该丢掉,因为放置过久会让奶水中繁殖大量细菌,这常常是宝宝出现腹泻的主因。

Q 奶瓶出现结块怎么办?

许多妈妈会发现宝宝喝完奶后,奶瓶底部有时会出现奶块,这就表示泡奶时,没有充分摇晃均匀,才会让部分奶粉结块堆积在瓶身或瓶底。**如果想避免这种情形发生,可以采取分次添加奶粉的方式,同时多摇几下,才能让奶粉充分溶解。**

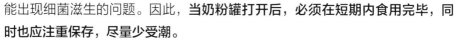

Q 罐内奶粉为何会结块?

由于奶粉是以喷雾干燥的方式制造而成,结块表示已吸收了空气中的水汽,温度升高,就可能出现细菌滋生的问题。因此,**当奶粉罐打开后,必须在短期内食用完毕,同时也应注重保存,尽量少受潮。**

造成结块的原因很多,**最常见的原因是每次使用时,习惯以汤匙舀好奶粉放入奶瓶后,在瓶口边缘敲几下**,因为奶瓶内已经注入温水,水汽上升就容易使汤匙沾染水汽,当汤匙放回奶粉罐后,水汽也跟着进入奶瓶罐,一段时间后,奶粉就会结块。

Q 开罐后的奶粉不能存放超过1个月?

开罐后的奶粉存放尽量不要超过1个月,且须置于阴凉干燥处,并随时留意是否变色或结块,尽快食用完毕较佳。须特别留意的是,**婴儿配方奶开罐后,就不应该遵循保存期限,通常保存期限是指未开罐的情形下可存放的期限。因此建议在奶粉开罐后,最好能在瓶身加注开罐日期,以免超过适当的食用期限。**

常见喂奶问题

Q 宝宝的需奶量怎么计算?

很多家长会担心宝宝吃不饱,或发现宝宝食欲不佳,吃奶量一直没有增加。宝宝1天所需的奶量到底应如何计算?要吃多少才能满足现阶段的成长发育?

事实上,宝宝是不会把自己饿坏的,只要宝宝饿了,妈妈就可以开始喂奶,等到宝宝喝饱了,自然就会出现不想继续喝的动作,如把头转开,或者松开嘴巴等。

以4个月内宝宝的配方奶为例,奶量大约是每天每千克体重需150毫升。 例如,4千克的宝宝,1天的需奶量为150毫升 X 4=600毫升。6个月到1岁的宝宝,已开始添加辅食,每天需600 ~ 900毫升奶量。1岁以上的宝宝,母乳、配方奶以外的食物才是他们的主食,只需早中晚各补充1杯(150 ~ 200毫升)奶即可。

Q 宝宝喝奶超过1小时就停止喂?

一般来说,**平均喝奶时间每次应为20 ~ 30分钟,若宝宝的喝奶时间拉得太长,经常需要1小时以上,不妨停止喂食。** 毕竟"饿了就吃"是正常的反应,不但大人如此,宝宝也一样;如果他真的饿了,自然会积极地喝奶,若是爱吃不吃,或者边吸边睡,或许就表示他不饿。

Q 如何避免宝宝喝进太多空气?

喂食婴儿配方奶时,较容易吸进过多空气,若要避免这种情况发生,**可将奶瓶稍稍倾斜,不让奶瓶前方堆积太多的空气,就能避免让宝宝喝进不必要的空气而造成腹胀。**

Q 宝宝什么时候会开始厌奶?

一般新生儿刚出生时喝奶都很专注，再加上饿了就哭、喝饱了就睡，因此体重增加的速度很快，**通常前 3 个月几乎每个月可增加 1 千克。**

但到了 3 个月以后，宝宝开始受到周边环境的影响，**边吃边玩而不专心喝奶**，这是因为这个阶段的宝宝开始有强烈的好奇心，只要周遭有声响，或有人走动、说话，就会停止喝奶的动作，因为其他事情比喝奶有趣多了。到了这个时期，宝宝的成长速度就逐渐放慢，不会像刚出生时那么爱吃。很多父母会发现，宝宝第一个厌奶高峰期为 3 个月大。

Q 喝奶量忽然减少就是厌奶吗?

宝宝出现厌奶现象的原因分成病理因素和心理因素。若身体不舒服，宝宝就会出现厌奶的现象。 所以宝宝厌奶时，应注意是否为病理因素，当厌奶合并呕吐、便秘、腹胀或发热等现象时，应立即就医。

心理因素多半是吃腻了，宝宝从出生到 3~4 个月大，几乎天天都喝同一种食物，因此可能出现厌奶现象。不过大多数宝宝过一段时间后，胃口就会逐渐恢复。其实只要宝宝的活动力好、精神状况佳，就没有大碍。

Q 如何改变宝宝半夜喝奶的习惯?

- 想办法让宝宝在晚上11点之前喝足一天所需的奶量。
- 早上7点到晚上7点之间，拉长宝宝醒着的时间。
- 在白天，多给他一点刺激，并让他多活动。
- 晚上11点的那一餐，一定要尽量保持安静，培养宝宝的睡眠情绪及环境，如果宝宝这时半睡半醒，就很可能在半夜醒来。
- 让宝宝有白天、黑夜的分别，白天尽量让房间明亮一点，晚上睡觉时，则尽量让房间暗一些。

Q 如何区分吐奶和溢奶?

想要辨别宝宝到底是溢奶还是吐奶,最直接的观察重点,就是看从宝宝口里出来的奶水是流的还是喷的。如果奶水是慢慢从嘴角流下来的,通常就是所谓的"溢奶"。但如果奶水的流量多、速度快,甚至是以喷的方式向外射出,就是"吐奶"。

新生儿阶段,溢奶十分常见,因为此时有生理性的胃食道逆流。待宝宝4~6个月,贲门括约肌发育成熟,溢奶现象就会自行改善。

Q 如何减少宝宝溢奶?

宝宝的胃容量小,如果1次喝太多奶水,或在大哭后马上喂奶,就会从嘴角溢出奶汁,这就是"溢奶"。

最好的解决方式为"少食多餐",且在喂完奶后让宝宝躺下时,将床垫提高15°~30°,让宝宝的上半身在垫高的床垫上,或让宝宝向右侧躺,因为胃部的走向是由左至右,右侧躺可减少胃食道逆流而避免溢奶。此外,不要在宝宝大哭之后马上喂奶,也可以降低溢奶发生的概率。

但如果宝宝的溢奶状况很严重且频繁,就必须就医检查有无其他疾病的可能,如肥厚性幽门狭窄等疾病,并且可以考虑用药物治疗,以加速胃部排空。经过以上处理,基本可改善溢奶现象。

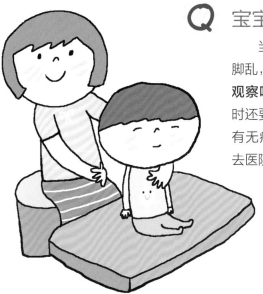

Q 宝宝不小心呛奶怎么办?

当宝宝呛奶时,新手妈妈总是手忙脚乱,其实只要掌握**轻拍、擦掉嘴角奶水、观察呼吸是否顺畅**等三个重点即可。同时还要注意仔细观察宝宝是否精神不振,有无痛苦的表现,如果有,则需要及时去医院。

 **预防呛奶的方式**

❶ 不要让宝宝喝奶喝得太急、太快（可以更换奶嘴，或每喝一段时间休息拍嗝）。

❷ 喝奶后，记得帮宝宝拍背打嗝。

❸ 若等不到打嗝，或妈妈无法观察宝宝是否打嗝，可以将宝宝的身体稍稍垫高，将头侧向旁边以防呛奶，观察 30 分钟左右，再帮他翻身（以防头部变形）。

 ## 喝奶后拍了5分钟，没打嗝就要停止？

在宝宝刚喝完奶后，将他抱坐在膝上，脸稍微朝下，或采用直立式抱姿，让宝宝靠在肩膀上，然后轻拍宝宝的背部。并不是每个宝宝在拍嗝动作完成后都会立即打嗝，**如果持续拍了 5 分钟都没有打嗝或排气，就不用一直拍到打嗝为止，有时太过用力，反而会让宝宝吐奶。**

此外，拍嗝时切记随时支撑宝宝的颈部，尤其是 4 个月前的宝宝，其颈部肌肉尚未发育完全，要好好保护。拍嗝过后，可采用直立式抱姿，让宝宝靠在肩膀上；喝完奶后 15 ~ 30 分钟，最好避免让宝宝平躺，以免溢奶或吐奶。

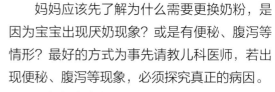 ## 没特别原因不需要换奶粉？

妈妈应该先了解为什么需要更换奶粉，是因为宝宝出现厌奶现象？或是有便秘、腹泻等情形？最好的方式为事先请教儿科医师，若出现便秘、腹泻等现象，必须探究真正的病因。

1 岁前宝宝并不是不能换奶粉，只是担心适应状况。1 岁后换奶粉就像吃不同的水果，只是吃不同食物而已。**换奶粉时，要遵守"一次为限"的原则，即一次更换一种品牌，而非一日多种，并要"循序渐进"。**

以宝宝原奶量 4 匙为例，第一天为 3 匙旧奶粉加 1 匙新奶粉，观察宝宝是否适应，若无不适，则第二天为新 2 旧 2、第三天新 3 旧 1，如此直到第 4 天即可成功换成新奶粉。

怎么喂宝宝吃药？

Q 宝宝不爱吃药，可以放在配方奶里喂吗？

　　一般来说，**不建议直接把药物放在配方奶中，除了担心配方奶可能会影响药物的吸收，还容易让宝宝因为所熟悉的配方奶中出现苦味而对配方奶产生排斥感。**不过，如果担心药太苦，可以在喂宝宝吃完药后给他喝点果汁（苹果汁），或喝点水，减轻口中的苦味。

　　喂宝宝吃药的确令人相当困扰，有时为了配合宝宝的服用意愿和需求，很多儿科诊所都会在药物或药水中加入糖粉，减少苦味。如果药物真的很苦，不容易喂时，也可以在宝宝吃完药后，给予一些奖励性的糖水。

Q 喂药要在饭前还是饭后？

　　爸爸妈妈要选择饭前半个小时至1个小时这段时间给宝宝喂药，此时宝宝的胃内已排空，有利于宝宝对药物的吸收，并能有效避免宝宝服药后呕吐。需要提醒爸爸妈妈的是，一些对胃部有强烈刺激作用的药物，需在宝宝饭后1小时服用，这样可以有效防止宝宝胃黏膜受到损伤。

Q 喂药前要做哪些准备？

　　想要轻松给宝宝喂药，就一定要做好喂药前的准备。一般来说，爸爸妈妈在喂药前需要做好以下准备事项。

　　（1）准备好要喂的药物，再仔细看一遍说明书，检查药盒上的名称、日期，核对一下药量，重新看一下药物是要饭前吃还是饭后吃。若有疑问应向开药医师咨询，确保安全。

　　（2）给宝宝戴好围嘴，并在旁边准备好卫生纸或毛巾，以便药物溢出时及时擦拭。

　　（3）清洗好喂药所需的辅助工具，并放置在药物旁边。

　　（4）喂药者要用洗手液洗净双手。

　　（5）准备一些白开水。

　　做好这些准备工作之后，爸爸妈妈就可以开始给宝宝喂药啦。

宝宝有哪些口腔问题?

Q 宝宝还没长牙，需要清洁口腔吗?

一般来说，宝宝六七个月大时，开始冒出小白牙，满周岁时，就可长出 6 ~ 8 颗乳牙。但由于每个宝宝的体质及遗传因素的影响，并不是每个小孩都有一样的长牙时间和顺序。不过，**只要在 1 岁半前长出牙齿，都属于正常的范围，一般会在 2 岁半至 3 岁长齐 20 颗乳牙。**

很多妈妈以为宝宝还没长牙前，不需要清洁口腔。其实，**从宝宝出生开始，就要开始帮宝宝清洁口腔。** 等到第一颗乳牙冒出后，更应该时时为宝宝彻底做好牙齿清洁工作，才能维持口腔健康，预防龋齿。

Q 宝宝嘴里出现舌苔，对健康有没有影响?

舌苔就是牛奶的残渣，附着在宝宝的舌头或口腔黏膜上，通常是宝宝喝完奶后，没有清洁口腔所致。不过，**舌苔对宝宝的健康没有影响，也不会影响食欲，会随着宝宝年龄的增长而逐渐改善**，不用过于担心。

避免舌苔最好的方式是喂奶后让宝宝喝一点温开水，或使用纱布清洁口腔，只要经常保持宝宝口腔的卫生和清洁，就不会有舌苔。

Q 1岁前的宝宝容易出现鹅口疮?

有 2% ~ 5% 的新生儿会出现鹅口疮，多发于 1 岁前的宝宝，主要是口腔黏膜表面感染了一种白色念珠菌所致。

新生儿会出现鹅口疮是因为出生时，接触到妈妈阴道附近的念珠菌，或是新生儿的口腔黏膜细嫩干燥、唾液又少，再加上抵抗力较弱所致，容易于出生后 7 ~ 10 天发生。

预防方式： 喂奶前洗净双手，宝宝的奶瓶及奶嘴定期消毒，尽量少使用安抚奶嘴。妈妈注重乳头清洁，喂完奶后清洁宝宝的口腔，以清除口内残渣。

还应注意，**若新生儿老是吃奶使不上劲而哭闹，就要检查一下宝宝舌头下的系带是否太长，是否与下颚连着。如果有此现象，必须及时就医把系带剪开，以免影响饮食和说话功能。**

宝宝会遇到哪些肠胃问题?

Q 宝宝胀气怎么办?

宝宝胀气时,最明显的症状是肚子鼓鼓的,敲他肚子时,会有"咚咚咚"的声音。**胀气通常分为肠胀气和胃胀气,如果是胃胀气,只要轻压宝宝的胃部,就会打嗝。若是肠胀气,轻压腹部,要过一阵子才会排气。**

1岁以内的宝宝较易胀气,若没有合并其他问题,大便正常、食欲好、活力佳,就不必担心。但如果宝宝出现食欲不振、便秘、原因不明的哭闹等,不妨利用上述方法先观察宝宝是不是胀气,同时协助将肚子里的气体排出,若气体排出后仍不适,就必须就医。

消除胀气的方法:用手掌绕着宝宝的肚脐做顺时针方向的按摩,可配合抹上薄荷油或胀气膏,刺激胃肠蠕动。按摩后盖上温毛巾,温敷 5 ~ 10 分钟即可。

Q 宝宝胀气需要调整配方奶吗?

虽然足月宝宝在母体内发育,出生后所有器官大多成熟,但其实还有很大的成长空间。例如,在前几个月,由于宝宝的腹壁肌肉还未完全发育好,弹性也不如成人,因而容易胀气。有时哭闹或吸奶的方式不正确,也会造成胀气。

亦可考虑以部分水解奶粉代替一般配方奶,观察胀气是否有改善。若腹泻则泡半奶,也就是水量一样但奶粉减半的泡法。

Q 新生儿便便是沥青色的?

通常新生儿出生后的头几天,排出的便便就是所谓的"胎便",胎便有点黏稠,不臭,颜色有点类似沥青色或深墨绿色。**3 天之后,就会转化成黄绿色,最后呈金黄色的黏黏糊糊的新生儿大便。**

Q 宝宝的便便,怎样才算正常?

母乳比较容易被吸收消化,因此喝母乳的宝宝不容易便秘,且便便也比喝配方奶的宝宝软或稀。

喝母乳和喝配方奶的宝宝,便便形状也不同。母乳宝宝除了便便次数多,大多呈金黄色、黄色、绿色、棕色或草绿色,形状有时较稀、有时较黏,或者会伴随如米粒大小的颗粒状,有的像蛋花汤,便味酸酸的。喝配方奶宝宝的便便颜色跟母乳宝宝差不多,但味道较重。

Q 宝宝腹泻不代表罹患肠炎？

只要宝宝出现腹泻的现象，父母们都会很担心。什么情形才算腹泻？其实，所谓的腹泻并不是单纯地指解出稀便或水便，更不要和肠炎画上等号。**腹泻的判断标准，必须是和宝宝自己原来固定的大便形状、次数来比较，如果所含的水分增多，带有黏液或颜色产生变化，且大便的次数也比以往多，才算是腹泻，大多数宝宝腹泻时会合并出现红屁股症状。**

Q 宝宝便秘怎么办？

如果宝宝排便一直很正常，却连续几天或 1 周都有排便不顺的问题，就有可能是便秘。最直接的确认方式，是到医院请医师检查是否只是单纯的功能性问题，还是有特殊的疾病出现。

如果是因为宝宝近期生活上有特殊转变，如换配方奶、添加辅食等，就诊时都要提供给医师作为诊断的依据。妈妈必须留意的是，宝宝一旦便秘，切忌自行到药店购买药物，不要忽略潜在疾病的可能性。

要预防便秘，可增加宝宝的活动量，并持续哺育母乳超过 6 个月。另外，到了添加辅食的阶段，可选择能增加膳食纤维的食物，如香蕉泥、红薯泥、木瓜泥、猕猴桃泥等。

Q 同时喝母乳及配方奶，宝宝每天排便几次才算正常？

采取母乳和配方奶混合喂养的宝宝，排便的时间和次数不一定固定，常和混合的比例及宝宝的年龄有关，大致上来说，**新生儿如果混合奶中的母乳比例较高，排便次数也会多。但 1～2 个月后，宝宝的胃肠功能逐渐成熟，仍维持母乳比较高的混合比例，宝宝的排便次数就会略为减少。**

完全喝配方奶的宝宝，在宝宝出生后的前 3 周，每天排便 3～4 次，每日排便次数会随着宝宝的成长周数而减少。

Q 如何预防宝宝腹泻？

- 未满月的宝宝尽量不要出门，以免受病菌感染。
- 宝宝使用的奶瓶器皿等，一定要经过煮沸消毒后才可使用，喂食前也应先将双手洗净。
- 务必用煮沸过的开水（水温须控制在60℃以下）冲泡奶粉，避免使用生水或未煮沸的水。
- 喝配方奶的宝宝，1岁以前食用的奶粉品牌尽量固定，不要常更换，以免宝宝不适应。

宝宝最常发生的问题

Q 宝宝哭了就表示饿了吗?

很多妈妈以为,宝宝只要一哭就是饿了,会自责自己的奶水不够多,而喂宝宝一些不必要的配方奶及葡萄糖水,这反而会让宝宝营养不均衡。**宝宝哭的理由很多,不单纯是因为饿,他可能借着哭来表达他的需求,或者来发泄体内一些压力或过多的刺激。**

 宝宝哭的原因

- **饥饿**:如果距离上次喂食时间超过 2 小时,而且宝宝又有吸吮反射时,就表示他真的饿了。
- **身体不舒服**:尿布湿了、太冷或太热都会让宝宝觉得不舒服。
- **外界刺激**:亮光、声音,或不同的气味,当环境改变时,宝宝最容易哭闹不已。
- **妈妈吃了刺激性食物**:有时妈妈吃了具有刺激性的食物,宝宝也会比较烦躁。
- **宝宝只吃到前奶**:在宝宝还没松口时,就停止一侧喂奶,宝宝会因为没有喝饱而哭。
- **想要被抱抱**:有些宝宝需要安全感,若这种类型的宝宝哭泣,常常是希望被人抱着安抚。
- **身体有疾**:宝宝是不是出疹子了,有没有红肿现象,是否被蚊虫叮咬等。

Q 宝宝不爱喝配方奶,可以用羊奶或豆浆代替吗?

羊奶或豆浆不能代替配方奶,不适合 1 岁以内的宝宝当作主食,因为羊奶或豆浆的铁含量少且利用率差,易造成缺铁性贫血。

Q 爱哭的宝宝需要安抚吗？

老一辈的人都会要求不要经常抱起宝宝，免得宝宝习惯被人抱而变得不好带养。其实，在头几个月，**宝宝哭时给予立即且适当的回应并不会宠坏他。**先确认宝宝的哭泣所代表的含义，如是否饿了、尿布湿了、环境太热或太冷等，立即满足这些需求，便可以让他对你有充分的信任。

如果都不是上述情况时，可先等 5 ~ 10 秒，看他是否有自我安抚的动作出现，如果没有，再按以下顺序给予安抚：让宝宝看见你的脸；用温和的语调对他说话；手放在他的肚子上；将他舒服地包裹起来；抱起宝宝温柔地摇晃。

Q 可以用鲜奶取代母乳或配方奶吗？

鲜奶的蛋白质含量高，对 1 岁前肾脏未完全发育成熟的宝宝来说，易增加负担，且鲜奶的蛋白质中有不易消化的乳凝块，会阻碍胃肠道的消化功能。鲜奶的钙含量高，但是对小宝宝而言，和磷的比例不够均衡。与 1 岁前的宝宝需要的营养成分不同，1 岁后宝宝的饮食逐渐由流质食物变为固体食物，鲜奶是钙质的良好来源，宝宝每天需要喝 1 ~ 2 杯鲜奶或幼儿成长配方奶粉。但要注意，宝宝 2 岁前要以全脂鲜奶为主，2 岁后可喝低脂鲜奶。

Q 需要喂宝宝葡萄糖水吗？

很多父母有"到底要不要喂宝宝葡萄糖水"的疑惑，有人担心刚出生的宝宝营养不够，会在两餐间喂葡萄糖水。其实是不需要的。

配方奶宝宝可在喂完奶水后，偶尔喝少量温开水，同时清洁口腔。**不适合喝糖水，这是因为葡萄糖水的甜分会让宝宝不愿喝正餐的奶水，提前进入厌食期。**且糖水的营养成分低于奶水，容易使血糖升高，没有饥饿感，因而容易因营养不足而长不大。此外，糖水若在口腔内停留太久，会酸化唾液，提早出现龋齿。再者，若宝宝小时候吃惯了甜食，日后很难戒除，容易导致肥胖。

父母早教有方，宝宝聪明健康

第1个月宝宝的早教

"童童，爸爸回来咯。""童童，妈妈要给你擦小屁屁咯。""童童，你看，这个小狗狗好不好看呀。"童童妈无论做什么，都要跟童童唠叨几句。"你跟她说这么多，她能听懂吗？"童童爸疑惑地问。其实，不要以为宝宝什么都不懂，他的小脑袋里可是蕴藏着大智慧的，只是这个智慧需要爸妈来挖掘和引导罢了。如果说孕期的营养和胎教是添砖加瓦，那么出生后对宝宝进行有意识的早教，则是对宝宝整个智慧大厦的构建。

○ 益智亲子游戏

对于新生儿来说，妈妈的注视、温柔的话语、玩具的响声、一切运动的影像，都能开发他的视觉、听觉，所以千万不要以为把新生儿喂饱、让他睡好就够了。在喂奶后1小时内，要抓紧时间让宝宝多看、多听、多玩。

"欢迎！欢迎！"：促进大脑发育

宝宝精神好的时候，妈妈可以让宝宝躺在床上，双手抓住宝宝的两个小手腕，脸与宝宝相距约30厘米，微笑着对宝宝说："欢迎！欢迎！"在说的过程中，声音要轻柔温和，同时要有节奏地让宝宝的两只小手碰到一起。宝宝听到妈妈的声音，看到妈妈的笑脸会十分开心。

经常做这个游戏，可以有效增进母子感情；宝宝的两只小手碰到一起，可以促进宝宝的大脑发育；在宝宝哭闹时，妈妈和宝宝做此游戏，还有助于平复宝宝的情绪。

和宝宝"说话"：平复情绪

在宝宝哭闹或者清醒时，妈妈一边抚摸宝宝的头，一边用缓慢、柔和的语调对他说话，如："宝宝乖乖，不哭啦。""宝宝，我是妈妈。""宝宝，妈妈爱你哦！"这样能刺激宝宝的听觉，而妈妈的安抚和充满爱意的话语能很快地平复宝宝的情绪。

◆ 宝宝佳熹：跟宝宝说话，能刺激宝宝的听觉，很快地平复宝宝的情绪。

⭕ 体能训练

宝宝每个月都应该有相应的体能训练。宝宝的每一次进步，都应该是妈妈用心养护和训练的结果。

抬头训练：锻炼颈部肌肉

让宝宝趴在床上，在头顶方向摇动铃铛，告诉他"在这边"，逗引宝宝抬起眼睛观看。最开始他用眼睛看一小会儿，头仍枕在床上，逐渐锻炼至颈部肌肉强健后，他整个头能向前看，下巴支在床上。每天让宝宝趴在床上训练3～4次，先从30秒开始，然后逐渐延长时间。可变换使用不同的玩具来逗引宝宝。

◆ 宝宝睿萱：妈妈在床那头逗引宝宝，好奇心引得宝宝用力地抬起头。

这个游戏主要是锻炼宝宝的颈部肌肉，使宝宝颈部能支撑头的重量，让宝宝早日将头抬起来。

◆ 宝宝耕宇：妈妈给大宇添置了专门的游泳设备，大宇非常喜欢游泳。

游泳：发展全身肌肉

将新生儿放在水中相当于让他回归母体羊水中，这会让新生儿感到十分亲切。游泳可以让新生儿自己全身运动，有利于发展全身的肌肉，对以后的翻身、爬、走等一系列大动作都有很大的帮助。

爸爸妈妈可以在家中买一套游泳设备（在小小游泳设备周围要留有大人行走的空间）。注意宝宝游泳时的水温应由37℃逐步降到32℃，室温维持在25～28℃；游泳的时间由10分钟逐步增加到20分钟。

伸腿伸腰来做操：发展身体运动能力

因为宝宝不会自主伸展身体，所以爸爸妈妈要常常帮助宝宝做运动。下面这个游戏可以帮助宝宝较好地活动下肢关节和肌肉，促进宝宝身体运动能力和空间直觉能力的发展，同时伴以儿歌，可以促进宝宝语言能力的发展。

❶ 让宝宝躺在床上，妈妈跪坐于宝宝脚部下方。

❷ 慢慢抬起宝宝双腿，使双腿与床面保持90°，双腿伸直。

❸ 放下宝宝双腿，让宝宝舒服地仰卧。

第2个月宝宝的早教

宝宝虽小，可并非什么都不懂。妈妈要经常跟宝宝做些游戏，使宝宝的大脑和体能得到锻炼。

◯ 益智亲子游戏

这个月，宝宝已经能跟父母进行一些简单的互动了，所以，爸爸妈妈要多和宝宝交流、做游戏，让宝宝早日从"混沌"中走出来。

妈妈在哪儿：激发愉快情绪

这个阶段的宝宝特别喜欢看亲人的脸，但是他还不能完全理解妈妈动作所表达的意义，需要妈妈通过夸张的语调，帮助宝宝认识到动作的特别性。游戏方式如右图。

这个游戏可以激发宝宝愉快的情绪体验，有助于增进宝宝与家人之间的感情。

❶ 轻轻呼唤宝宝的名字，吸引宝宝的注意。妈妈突然用双手捂住脸，问宝宝："妈妈在哪儿?"

❷ 将双手拿开，对宝宝说："妈妈在这儿。"如此反复几次，逗宝宝笑。

响响玩具：促进听觉

备好不同大小、不同质地的可以发出响声的玩具放在宝宝床边，妈妈手中可拿着响响玩具一边晃动一边对宝宝说："宝宝，你看，这是沙锤，来听妈妈摇一摇，叮叮叮。"要是手拿小狗玩具，就说："宝宝，你看，这是小狗，汪汪汪。"妈妈要不断根据玩具变化声音，宝宝会很高兴听到各种变化的语言和语调。

这个游戏可锻炼宝宝的听觉能力，为宝宝开口说话打下基础。

◆ 宝宝垚垚：妈妈与宝宝玩响响玩具。

41

被动操：提升宝宝的身体运动能力

被动操是通过妈妈的帮助，使宝宝运动起来，达到健身的目的，也为以后的主动运动做准备，因此必须运动宝宝的全身，使宝宝的肌肉得到全面锻炼，促进宝宝大脑的发育。

转头

目的 这是一节锻炼颈部肌肉的操。头部在人体运动和感觉、知觉发展方面有着重要的作用，锻炼支撑头部的颈部肌肉，能为翻身打基础。

注意 动作要缓慢，当宝宝不愿意时不要勉强。宝宝如能自如转头后，可停止这一练习。

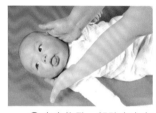 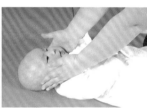 

❶ 宝宝仰卧，帮助宝宝向右转。 ❷ 回正。 ❸ 头向左转。回正。

低头

目的 为仰卧起坐、前滚翻打基础。

注意 颈部是脊髓通过的部位，宝宝颈部肌肉力量还小，因此妈妈的手法要轻，口令速度要慢一些。

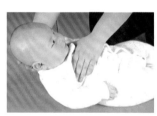 

❶ 宝宝仰卧，帮助宝宝低头。 ❷ 回正。重复做1个8拍。

❶ 宝宝仰卧，妈妈的拇指放在宝宝手心里，让宝宝握住手。 ❷ 两臂依次前平举、上举、侧平举，最后回到开始姿势，做2个8拍。

上肢运动

目的 为仰卧起坐、前滚翻打基础。

手臂屈伸运动

目的 为以后拿、取东西，支撑、攀登做准备，发展宝宝上臂的屈肌、伸肌和手腕力量。

注意 这节操妈妈要握住宝宝的手，而不是上臂，让宝宝做操时有手腕运动的感觉，做 2 个 8 拍。无论是上肢、下肢还是转头的练习，都要让宝宝两侧训练，这样他的肌肉才能得到全面锻炼。

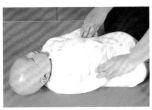  

❶ 宝宝仰卧，双手伸直放于身体两侧，手心向上，妈妈跪坐于宝宝脚部。

❷ 前臂屈曲。

❸ 前臂上伸。

脚屈伸运动

目的 脚踝的运动对于爬行（初期）、直立行走、跑、跳都有重要的意义，也可以预防婴幼儿因为学步车而形成用脚尖走路的坏习惯。

注意 每次左右两只脚都要做。

❶ 宝宝仰卧，妈妈一只手托住宝宝的小腿后部，另一只手四指放在宝宝脚背上，拇指压在食指上。

❷ 勾脚。

❸ 伸脚背。左右脚各做 1 个 8 拍。

单腿屈伸运动

目的 锻炼脚踝、大腿肌肉，为翻身做准备。

注意 单腿屈伸向左或向右时稍停，让宝宝有体会翻身的时间。

❶ 宝宝仰卧，两腿伸直。妈妈双手抓住宝宝脚踝。

❷ 左腿单腿弯曲，大腿贴胸。

❸ 脚向右。

❹ 左腿单腿弯曲，还原。反方向运动，做 2 个 8 拍。

后摆腿运动

目的 运动背部肌肉。

注意 宝宝俯卧时，头部一定要侧转，以防宝宝在练习过程中发生窒息。

❶ 宝宝俯卧，两腿伸直，头侧转。妈妈一手托住宝宝膝部，另一手抓住宝宝双脚脚踝。 ❷ 将宝宝双腿后摆。 ❸ 还原到开始姿势，做2个8拍。

直膝举腿运动

目的 锻炼宝宝的腹部肌肉，让宝宝体会双腿伸直的感觉。

注意 举腿超过直角。这一节动作幅度较大，所有口令节奏要慢一些。

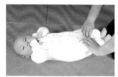   

❶ 宝宝仰卧，两腿伸直。妈妈双手握住宝宝膝盖。 ❷ 将宝宝双腿上举。 ❸ 还原到开始姿势。 ❹ 双腿再次上举后，还原到开始姿势，做2个8拍。

手指运动

目的 锻炼宝宝手指的灵活性。

注意 在按压宝宝手指的过程中，妈妈的动作一定要轻柔，切忌用力过大。

❶ 宝宝仰卧，妈妈一手抓着宝宝手腕，一手操作宝宝手部运动。 ❷ 拉伸宝宝小指。 ❸ 按压小指。如此依次先拉伸后按压宝宝的其余4个手指。

第3个月宝宝的早教

　　垚垚的奶奶虽不懂什么早教之类的知识，但她特别喜欢和垚垚说话。一有空，奶奶就抱着垚垚坐在沙发上，脸对脸地"对话"。奶奶操着带有浓重家乡味的普通话，垚垚则"啊，咦，哦"地说得起劲儿。垚垚妈在一旁看到了，觉得这场面既滑稽又温馨。显然，垚垚奶奶正实实在在地进行着早教工作呢。这个月，妈妈们还需要做哪些早教活动呢？

○ 益智亲子游戏

　　对于宝宝来说，生活中的一切活动都是好玩、益智的游戏，因为他们对这个世界充满了好奇心和强烈的求知欲。所以，爸爸妈妈一定要在日常生活中积极引导宝宝，多跟宝宝做游戏，激发宝宝的智力潜能。

沙锤响啊响：强化听力

　　用这个方法训练宝宝的眼睛盯着沙锤，并张开手想抓沙锤。这个游戏可以刺激宝宝的听觉发育，提高宝宝对声音的感觉。

❶ 妈妈可以拿一个沙锤，在距离宝宝前方30厘米左右处摇动发出声音。当宝宝注意到沙锤时，对宝宝说："宝宝，看沙锤在这儿呢！"

❷ 拿沙锤在宝宝的头后方摇动，稍停一会儿，再问："宝宝，沙锤在哪里呢？"

❸ 将沙锤慢慢移到宝宝能看到的右方摇动，注意观察宝宝的眼、耳和手的动作，使宝宝对声源方向有反应。

❹ 将沙锤慢慢移到宝宝能看到的左方摇动。

○ 被动操：帮助宝宝掌握翻身技巧

　　这个月的宝宝已经能抬起他的大脑袋了，妈妈们要积极对宝宝进行相应的训练，让宝宝的颈部肌肉更加结实有力，同时也要开始对宝宝进行翻身训练了。当然，宝宝能否进行相关训练，还要视宝宝的具体发育情况而定，妈妈们切不可揠苗助长。

　　翻身是进行身体移动的第一步，是爬行、坐立的基础动作，对宝宝的动作发展有着重大意义，宝宝的主动翻身对他们的智力发育和心理发展也非常重要。

　　下面介绍的技巧能促进宝宝平衡器官的发育，发展宝宝的空间感觉，增强腹部、颈部、上肢、肩部力量和手的握力，为跪撑爬行、攀登做力量上的准备。

仰卧起坐

提示 开始练习时，在高斜面（如叠起的被子）上做，逐步降低，最后在平地上完成。

时间 5分钟。

❶ 宝宝仰卧。

❷ 宝宝握住妈妈拇指后，妈妈将宝宝轻轻提至坐位。

俯卧抬头：锻炼颈、胸、背部肌肉

继续训练宝宝俯卧抬头，方法同1~2个月时一样，使宝宝俯卧时头部能稳定地挺立达45°~90°，用前臂和手肘能支撑头部和上半身的重量，使胸部抬起，脸正视前方。

经常训练，可以锻炼宝宝颈、胸和背部的肌肉，促进宝宝动作的协调发展。

荡秋千

提示 在做游戏前，先准备好一条结实舒适的浴巾或毯子。本游戏能促进宝宝平衡器官的发育。

时间 10分钟。

❶ 播放儿歌《荡秋千》，床上平铺一块大浴巾，让宝宝仰卧其上。

❷ 爸爸妈妈各拉住浴巾的两角。

❸ 拉着浴巾做左右、上下、前后的小幅度摆动，并可做顺时针、逆时针旋转。

仰卧向左右翻身——肘撑俯卧

提示 动作难度较大，在做游戏时，妈妈动作要轻柔，以防弄痛宝宝。这个游戏可以培养宝宝的方向感和移动能力。

时间 5分钟。

❶ 宝宝仰卧，妈妈站于一侧。

❷ 以右翻身为例：妈妈先把宝宝的右手弯曲贴肩，左腿搭到右腿上。

❸ 用手轻推宝宝左腿，帮助宝宝翻身成俯卧位。

❹ 宝宝成功完成翻身后，妈妈接着让宝宝向相反方向练习。

第二部分

4～12个月

宝宝开始吃辅食

4~6个月 宝宝吃辅食

什么是辅食?

Q 什么是辅食?

宝宝逐渐长大后，母乳或配方奶的营养已经不足以供应宝宝的需求，因此，为了让宝宝慢慢适应大人的饮食习惯，就要循序渐进地喂他吃辅食。**辅食是指在宝宝能够完全接受固体食物之前的过渡期所吃的食物。只要开始进食固体食物，就应该算是正餐，而不是辅食了。**

辅食阶段可分为准备期（0~3个月）、前期（4~6个月）、中期（7~9个月）、后期（10~12个月）和完成期（13~15个月），食物的形态会从稀糊状直到小块状，质地的改变是为了配合宝宝口腔的发育，因此强求不来，且由于每个宝宝的发育情况不尽相同，辅食的喂食也应按个体差异而有所调整。

Q 为什么要添加辅食?

- 经过4个月，妈妈的乳汁分泌量会逐渐减少，宝宝的食量也开始增加，这时光喝母乳已经不足以满足宝宝1天所需的营养。

- 4~12个月大的宝宝，正是发展咀嚼和吞咽能力的关键期。对宝宝来说，咀嚼和吞咽能力是需要学习的，如果没有练习，宝宝1岁后会拒绝尝试，即使肯吃，有时也会马上吐掉，造成喂食上的困难。

- 辅食能提供更多元、完整的营养，包括热量、蛋白质和维生素，甚至是微量元素，如锌、铜等。逐渐给予不同种类的辅食，可让宝宝习惯多种口味，避免日后偏食。

- 宝宝4~6个月大时，胃肠淀粉酶及各种消化酶已开始分泌，表示消化及吸收功能逐渐成熟，此时就可以开始练习吃辅食，以加强胃肠道功能。同时，宝宝吸收足够的营养，才能更加健壮。

Q 何时开始添加辅食?

有的宝宝会在4个月左右开始接受辅食，但有些宝宝要到6个月才开始。一般建议，**最早不能早于4个月，最晚则要在6个月内开始。**

Q 如何判断宝宝可以吃辅食了?

　　一般来说,泥状的辅食可以在宝宝 4 ～ 6 个月大时开始接触。怎样知道宝宝可以开始尝试呢? 通常判断的依据为:**宝宝看大人吃东西的时候想要伸手去拿,看到大人吃东西会流口水,有时宝宝会张嘴,看起来想要吃东西,或把东西放在他的手里时,他会握得很紧。**

　　也有其他的判断依据可以参考,例如,宝宝每日的吃奶量已达到 1000 毫升以上,同时喂奶间隔的时间固定等,都表示宝宝已经准备好,是可以尝试吃辅食的时候了。

Q 如何顺利衔接辅食?

　　出生后满 4 个月,就可以考虑用稀释果汁或蔬菜汤作为宝宝衔接辅食前的准备。目的是让宝宝认识除奶水以外的食物,并且让宝宝习惯用汤匙喝东西。

　　刚开始时,可以用汤匙舀出少量汤汁试着喂食,此时如果宝宝用舌头推出来也不用担心,因为这是他第一次尝到不同的味道,不用心急,也无须有挫败感,只要坚持下去,宝宝就可以顺利地用汤匙喝汤汁了。用汤匙进食 1 ～ 2 周,宝宝才比较能接受用汤匙进食再吞咽的动作。

Q 添加辅食的顺序是怎样的?

- 先从不易过敏、口味淡的食物开始尝试。
- 1 次只喂食一种新的食物,且从少量开始喂起,食物的浓度也应从稀到浓。
- 每一餐先从新食物吃起,不想吃了再加入已吃过的食物,5～7 天添加一种新食物。
- 4～5 个月时添加稀释果汁及蔬菜汤类,6～7 个月时添加五谷根茎类,并尝试各种叶菜类泥和水果泥,8 个月以上开始添加肉类。

Q 辅食就是稀饭吗?

　　很多老一辈的人以为,让宝宝开始吃辅食,就表示可以开始喂宝宝吃稀饭了,其实不然。宝宝吃辅食分阶段,在还没学会吞咽的阶段(5 ～ 6 个月),刚开始是以能够用闭着嘴的方式吞下的食物为主,因此**通常会先以果汁、蔬菜汁来尝试,即使是稀饭,也可做成方便吞咽的水糊状,之后慢慢减少水分,再视宝宝的反应来逐渐调整。**

Q 宝宝没有厌奶，还要吃辅食吗？

很多父母误以为宝宝没有厌奶现象，就不需要吃辅食了。其实不然，有些宝宝会出现第一次厌奶期，但也有些不会出现。会出现厌奶的状况，大多是他的生理发展到快要进入下一个阶段的准备期，通常经过一段时间，或做些调整后，这样的情况就会改善。

但无论有没有出现厌奶期，在宝宝 4~6 个月大时，都可以考虑开始吃辅食，这是为了让宝宝能够学习日后成人饮食习惯所做的吞咽练习。同时，此时胃肠道各种消化酶分泌也趋成熟，吃入各种食物可锻炼胃肠的消化功能，营养充分了，宝宝自然长得好。

Q 母乳宝宝怎么添加辅食？

母乳也可以像配方奶一样制成辅食，例如，将蛋黄捣碎，加入适量母乳，就可以做成蛋黄泥当作辅食来喂食。

等到宝宝 4~6 个月大时，可以开始吃用母乳或开水泡成糊状的米粉，逐渐接触辅食，如果吃得不错，过几天可以再多吃一餐。这期间仍必须持续喂宝宝喝母乳，再依照宝宝的状况来调整喂食母乳的次数、每次喂食的分量和时间。

Q 早产儿也从4个月开始吃辅食吗？

早产儿的发育要以矫正年龄来计算，所以吃辅食的开始时间和一般宝宝不太一样，会比较晚。不过妈妈不需要刻意等到某个月龄时才开始喂宝宝吃辅食，如果观察宝宝发育已经达到该有的水准，就可以开始尝试。判断的方式跟正常宝宝一样：当他想伸手拿大人的食物、看到食物会流口水、嘴巴出现咀嚼的样子等，就表示可以开始尝试喂食辅食了，这时就能从流质和泥状的食物开始吃。

Q 怎样喂宝宝吃辅食？

- 刚开始喂食时，可以用汤匙轻轻碰触宝宝的下唇，引导他张开嘴巴，然后将汤匙放在下唇上方。

- 等宝宝会收受食物时，再轻轻取出汤匙。有时宝宝不会闭上嘴巴，或者会用舌头把食物推出，妈妈可以自己示范给他看。

- 由于宝宝是第一次尝试新的饮食方式，妈妈可以重复示范几次给宝宝看，只要事先有心理准备，等宝宝花时间练习，他会好好吞下去的，多点耐心即可。

喂辅食要注意哪些事?

Q 喂辅食要注意什么?

- 辅食的喂食方式,最好是将食物装在碗里,用汤匙来喂,而非将食物放进奶瓶。这主要是要让宝宝开始接受大人的饮食方式,并且学习吞咽。

- 每喂食一种新的食物后,就要注意宝宝的排便和皮肤状况,看看是否出现腹泻、呕吐、皮肤出疹子或潮红等现象。如果喂食3天以上,没有上述不良反应,就可以再尝试新的食物。

- 每次喂辅食时,先从新食物开始尝试,待宝宝不想吃了,再开始喂已经尝试过的食物。

- 不要用大人的口味来评估食物的美味度,制作辅食应该以天然食材为主,不必特别添加盐、糖等调味料。

- 喂辅食前1小时,最好不要喂奶,这样宝宝比较容易接受辅食。

- 制作辅食前,一定要将食材、用具及双手充分洗净,且不要将辅食放入微波炉内加热,以免因为温度不均匀而烫伤宝宝。

- 用汤匙喂宝宝吃米粉,是让宝宝练习以嘴进食和锻炼咀嚼能力的方式,但若宝宝出现厌奶的情况,可将米粉放在奶瓶中和奶水一起冲泡给宝宝喝,补充因厌奶而摄取不足的热量。两者不冲突,可依实际情况调整。

- 可准备辅食专用的宝宝汤匙和制作器皿,避免使用触感冰冷或粗糙的金属制品、陶瓷制品。

Q 喂辅食时,妈妈要放轻松宝宝才有食欲?

很多新手妈妈在第一次喂宝宝吃辅食时,总是严阵以待,担心宝宝会不吃或哭闹,这样的情绪很容易感染孩子,让他误以为吃辅食是一件严肃的事,反而会造成宝宝的不安。

正因为辅食阶段是让宝宝习惯大人饮食习惯的重要阶段,也是宝宝的第一次体验,妈妈应该以轻松的态度给他安全感。在喂食过程中,可以跟宝宝说说话,如"来,小嘴巴张开呀""很好吃的哟"等,当然也别忘了保持笑容。

只要让喂食的气氛充满愉悦,就能逐渐培养宝宝的食欲,下次喂食时,宝宝就更能进入状态了。

Q 喂辅食应该在喂奶前还是喂奶后？

当宝宝逐渐习惯辅食，且能吃下稀饭、蔬菜泥及肉泥等食物时，就可以增加喂食的次数。

喂食辅食的时间最好在喝奶前，也就是先给宝宝吃辅食，再喂他喝奶，以补足不够的量。1岁前都以这种方式进行，刚开始，宝宝吃的辅食量不多，大部分的营养得从母乳或配方奶中获得。

随着辅食量的增加，宝宝的喝奶量就会递减，慢慢地就可以自然离开母乳或配方奶，把进食的重心放在辅食上。

Q 开始吃辅食后，奶量要减少吗？

世界卫生组织（WHO）及国内婴幼儿胃肠营养专家们都建议，宝宝在1岁以前，母乳或配方奶才是主食，至于6个月至1岁的辅食阶段，只是调整宝宝饮食习惯的过渡时期，**应以循序渐进的方式进行，即"流质→半流质→半固体→固体"的方式，就是希望宝宝能逐渐适应未来的饮食形态。**

因此，宝宝开始吃辅食后，奶量仍不需要减少，但到了1岁后，母乳和配方奶即变成辅食，此时就可以逐渐减少奶量了。

Q 宝宝进入辅食阶段后，需要完全断奶吗？

奶类含有人体所需的部分营养成分，即使是成人，也应从食物中摄取足够的奶类。这里所谓的"断奶"，指的应该是摆脱奶瓶进食的方式，而非完全不碰奶类。

宝宝一天天长大，对辅食的需求也会日渐增加，1岁以后，以往所谓的辅食就变为主食，而奶类就成了辅食。这个阶段，也正是需要帮宝宝脱离单纯以母乳或配方奶为主食的过程，这个过渡时期虽会逐渐减少奶量的摄取，但仍须每天喝足够的奶水，才能补充各种易吸收的营养成分。

Q 如何让宝宝爱上辅食？

- 喂辅食的最好时机是在喂宝宝喝奶之前，当他肚子饿时，比较有兴趣接受新的食物；同时也须把喂食时间固定，让他养成规律，时间到了，就知道该用汤匙、小碗吃辅食了。

- 刚开始的喂食分量不要太多。

- 如果宝宝不喜欢某种食物，可以先喂食其他种类的食物，等过一段时间后再尝试。

- 宝宝若不爱某种辅食，也可改变烹饪的方式，用不同的口味来吸引他的进食兴趣。
- 当宝宝愿意尝试新的食物时，记得给予鼓励。

Q 果汁是宝宝的第一类辅食吗?

宝宝的第一类辅食是米粉、麦粉，如果怕宝宝会过敏，可以先从米粉开始喂，米粉属于单一谷类，比麦粉的致敏性更低。

果汁的甜度太高，容易影响奶量的摄取，所以并不建议作为宝宝的第一类辅食。若想让宝宝喝点果汁，建议可以先按 1：1 的比例用开水稀释，1 天喂食 1 ~ 2 次即可。不建议选用果汁当作其中一餐，即使已经稀释过，也不要当开水一样饮用。

Q 辅食可以加热吗?

冷冻后的辅食，可以在宝宝要食用前的 12 小时，将需要的分量放在小碗里，拿到冷藏室中解冻，再依照平时的加热方式加热，即可喂食。

如果只是冷藏，直接加热即可。

Q 辅食存放不要超过3天?

上班族妈妈没时间每天制作辅食，可以 1 次制作多一些，再把做好的食物泥分装，1 周内的分量可以分装入小盒后制成冰块，等到要吃时，拿出想要的分量即可解冻加热，取用很方便。

至于冷冻的辅食，最好在 2 周内吃完，以免不新鲜，有害宝宝健康。

Q 辅食里可以加进中药材吗?

有些中药材的特殊气味很浓，容易让宝宝排斥日后的辅食喂食。所以，不建议在辅食中加中药材。

Q 大人的外食可以当作宝宝的辅食吗?

大人的外食大多为高油脂、高盐分、高糖分等食物，不适合年幼的宝宝食用。此外，外食的食材选择跟适合宝宝的辅食食材差距颇大，不建议拿来当作宝宝平常喂食的主要食物。

Q 没吃完的辅食，可以留到下一餐再吃吗？

宝宝当餐的分量没吃完，不要再拿去冷冻，或留到下一餐再食用，因为容易滋生细菌，损害健康。最好每次少量拿取，不够吃再拿较佳。

等到宝宝开始吃一些糊状或泥状食物时，可以选择根茎类蔬菜，例如，南瓜、红薯、胡萝卜等，制成冰砖后冷冻保存，在 3 ~ 4 天食用完。当宝宝可以开始吃淀粉类食物时，因为常常搭配一些蔬菜或肉类，食物种类较复杂，不易保存，最好准备 1 天内能吃完的分量。

Q 菜汁、勾芡类汤汁可以当作汤头吗？

经过烹煮后的菜汁、勾芡类汤汁，虽会有少量膳食纤维流进汤里，但其中也蕴含过多的调味料，会损害宝宝的健康。同时，这种汤汁并非菜肴中真正的营养所在，即使是成人都不建议食用，更何况是胃肠功能尚未齐全的宝宝！

Q 不适合当作辅食的食材有哪些？

● **高纤维食材：** 如竹笋、牛蒡、空心菜梗等，宝宝不容易吞咽。

● **腌渍品食材：** 辅食的烹煮应以少油、少盐为原则，过于重口味的食物，如腌渍物、蜜饯等，还有含过多化学添加物的食物，对宝宝的肾脏是一大负担。

● **高硬度食材：** 像墨鱼、鱿鱼等不易煮烂的食物，很难让宝宝吞咽。

● **刺激性食材：** 辣椒、姜、蒜、胡椒、芥末等，口味都太刺激，不适合年幼的宝宝食用。

Q 制作辅食的工具有哪些？

制作辅食并不需要使用特殊的工具，但为了保持食物干净及保存方便，最好准备专属的工具。一般制作辅食会使用到的工具包括以下几种。

● **专用调理器：** 市面上均有销售专用调理器，十分简便又容易清洗，可帮妈妈节省不少时间。

● **制冰盒：** 1次大量制作的高汤或米粥，可以用制冰盒分成小格制成冰块，食用前解冻再加热就可以了。

● **保鲜盒：** 制成冰块的米粥或高汤，在冷冻前先放入密闭的保鲜盒再冷冻，就不会沾染冰箱内的异味。

● **量秤工具：** 依食谱制作辅食时需要的器材。

● **榨汁机：** 可以很简单地榨出柑橘类水果的汁。

- **过滤布：** 做蔬菜汤或果汁时，必要的滤渣工具。
- **单人锅：** 宝宝食量小，使用约1碗分量的单人锅最方便。

Q 哪些食物容易导致宝宝过敏？

蛋白质含量高的食物较易引发过敏， 例如，蛋白、麦类（大麦、小麦、燕麦、荞麦等）、玉米、大豆、海鲜类（尤其是带壳的虾、蟹、贝类）、坚果类（花生、核桃、杏仁、腰果等），水果则有猕猴桃、芒果、柑橘类等。

宝宝若对食物过敏，吃后可能导致腹泻、呕吐、身体局部或全身发痒、起疹子、红肿，或者口腔旁边起疹子等现象。

除非父母本身或家族中有人确定对上述某种食物过敏时须避免，其余建议满6个月以上再食用，且须观察宝宝食用后的反应。

Q 如何增加辅食种类和分量？

心理学家的研究指出，婴幼儿开始尝试新鲜食物，需要8~10次接触和品尝才会接受，所以如果宝宝一开始不喜欢吃辅食，不要只尝试1~2次就放弃。

等到宝宝适应后，就可以逐渐增加辅食的分量和种类，但每一种食物最好吃5~7天，若没有出现腹泻、呕吐等不舒服现象，再试着增加第二种食物， 不要隔1天或2天就更换新的食物，以免过敏时找不到过敏原。可以先从液体食物开始尝试，等到适应后，再尝试半固体食物，之后逐渐更换适当的辅食种类。

Q 可用奶瓶喂食辅食吗？

很多父母将辅食直接放在奶瓶中喂食，其实喂宝宝吃辅食的目的之一，是要让他习惯用汤匙进食。如果宝宝不习惯用汤匙吃辅食，日后容易排斥牛奶以外的食物，造成辅食摄取状况不佳，营养不均衡，**有时2岁后还在使用奶瓶，甚至会影响咀嚼和口语能力。**

如果刚开始喂食辅食时，宝宝总是用舌头将食物往外推，不见得是他不喜欢吃，而是还不习惯用汤匙吃，这时就需要父母的耐心和鼓励。

Q 辅食需要添加调味料吗?

所有自制的辅食都必须煮熟后再给宝宝食用。由于宝宝味觉敏感,建议只要以清蒸或水煮的方式烹调即可,最好不要用油炸或煎炒等方式制作。一来是要减少油脂的摄取,二来可降低宝宝的胃肠负担。

以简单的鱼类菜肴来说,清蒸、煮汤等都是不错的选择,由于鱼类本身就有咸味,过多调味料会使宝宝习惯重口味饮食,并增加肾脏的负担,**建议刚开始不要放调味料,等到宝宝满1岁后,一定要添加盐,避免钠摄取量太低,造成电解质不平衡,但仍不建议添加过多调味料。**

Q 处理辅食的砧板要另外准备吗?

平常处理蔬菜和肉类、生食和熟食的砧板应该分开,制作宝宝的辅食也应秉持这样的原则。**若能和大人使用的砧板分开当然最好,若不行,最好在制作宝宝的辅食前,先用煮沸的热水烫过砧板再使用。**

Q 清洗宝宝的餐具,需要用特别的洗涤剂吗?

一般来说,制作辅食时很少用过多的调味料及食用油,所以通常只要用清水就能洗净,不需要使用洗涤剂。若讲究一点,可用热水烫过,之后再放在干净的地方晾干即可。**只要每次使用后顺手洗净,就没有和大人餐具一起洗的问题。**

Q 一定要准备宝宝专属的餐具吗?

帮宝宝准备专属的餐具,须选择适用的材质。此外,养成宝宝习惯吃辅食的好方法之一,就是**选择一套宝宝专属的儿童餐具,以吸引他的注意力,让他逐渐对辅食产生兴趣,进而养成习惯。**

Q 吃了辅食,宝宝开始厌奶怎么办?

开始喂食辅食后,宝宝的确会出现厌奶的现象,这是正常情况,不必过于担忧,厌奶的状况很快就会停止。

如果宝宝6个月大时就出现厌奶现象,此时应检查宝宝的排便状况,以确认有没有消化不良的情形,同时观察是否有活动力不足或其他生病现象,若没有,则慢慢添加辅食的分量和种类,宝宝一样可以从辅食中获取充足的营养。

Q 素食宝宝的营养能均衡吗?

素食宝宝因为食物的选择有所限制,容易缺乏铁质及 B 族维生素。**如果父母碍于种种因素,需要让宝宝吃素,建议应以蛋奶素食为主,才能让宝宝摄取足够的铁质和 B 族维生素。**

对素食宝宝来说,豆类制品格外重要,它可提供植物性蛋白质,是宝宝唯一的氨基酸来源。此外,动物性食物中的铁质吸收利用率较高,因此素食者容易出现缺铁性贫血,进而出现食欲变差、活力不佳、生长缓慢等现象,这些都是父母须特别留意的。

Q 吃了辅食后,便便变硬正常吗?

改变宝宝所吃的食物,会让肠道里的消化、吸收功能也跟着改变,有时会发现宝宝吃了辅食后,便便成了羊屎般一小块一小块的。若宝宝只是稍微用力就能排便,那么便便稍微有点硬没有多大关系,但须注意肛门是否有严重破皮,若有就需要治疗,以免造成日后排便障碍。

如果便便真的很硬,且宝宝原本天天排便,吃了辅食后却变成好几天都没有排便时,就可能是便秘。首先,让宝宝多喝水是必要的应急措施;其次,要多选择膳食纤维含量高的食材,如红薯、木瓜、猕猴桃等。如果仍未能改善,就要到医院请医师诊断及治疗。

Q 吃辅食后,便便呈稀软状,是怎么回事?

给宝宝开始喂食辅食后,要观察宝宝的消化状况,最直接的方式是观察便便的形状,如果便便变得较稀软,或次数变得比以前多,都应该重新检查辅食的喂食方式是否正确。最有可能的原因是 1 次喂了过多种类的辅食,也可能是分量过多。

解决的方式是从头开始,也就是从每次 1 小匙开始喂起,以慢慢增量为原则,谨慎进行。如果修正辅食的喂食方法后,便便还是呈稀软水样状,务必到医院进行进一步的诊治。不过,开始喂食辅食后,确实会让宝宝便便的形态有所变化,变硬或变软都有可能。

4~6个月宝宝的辅食

1匙 = 宝宝配方奶泡30毫升的匙　1杯 =100毫升 = 乳酸菌饮料1瓶

 主食类

Q 哪些食物是4~6个月宝宝还不能碰的?

　　4~6个月是宝宝刚刚接触辅食的阶段,最好以味道清淡的食物开始尝试,需视其发育状况改变食物的种类和硬度。

　　过硬或过稀的食物: 刚开始练习吞咽和咀嚼时,宝宝无法吞咽太硬的食物,也容易呛到,所以要以汁为主。当尝试过不同味道,已会用汤匙吞咽时,则可增加浓稠度,便于喂食和吞咽。太稀的食物,宝宝不易吞咽。

　　因此,不易引起宝宝过敏的米汤,比较适合作为宝宝第一次尝试的主食类辅食。

米汤

 1人份

材料
　　大米15克,水150毫升。

做法
　　❶ 锅内倒入适量清水煮开,放入洗净的大米。
　　❷ 再次煮开,以小火焖煮,中间不时以汤匙搅拌,避免粘锅,当煮至芡汁似的黏稠状时,即可熄火,捞上层的米汤给宝宝喝。

小贴士　煮米汤时,应该先烧开水再下米,此时,水中的氯已经基本蒸发,可减少对大米中维生素B_1的破坏。维生素B_1有保护神经系统的作用。

米粉

材料

市售米粉 5 克，热开水 50 毫升。

做法

❶ 将米粉放在碗内。

❷ 加热开水（也可加母乳或冲泡好的配方奶）调成稀水状，再以汤匙喂食。（宝宝适应后可逐步减少用水量，变成 5 克米粉配 30 毫升水）。

小贴士 初次食用，请使用原味的米粉。各品牌的米粉，营养成分会有些许不同。

Q 何时可让宝宝吃米粉？

米汤适应良好时，即可进阶到米粉，由稀到稠慢慢调整，主要为了锻炼宝宝的吞咽能力。对于厌奶宝宝，可在奶水中加些米粉，给予不同的味道，增加宝宝的进食量。但仍建议一定要以汤匙尝试喂食，才有助于训练吞咽能力。

Q 如何选择米粉？

爸爸妈妈要给宝宝选择什么样的米粉呢？建议在选购时注意以下几点。

●**选择知名大品牌的产品：**这样的产品配方更加科学，对原料的监控较为严格，生产出来的米粉质量较好。

●**看包装上的标签标志是否齐全：**根据国家标准规定，企业在产品的外包装上必须标明商标、执行标准、厂名、厂址、生产日期、保质期、配料表、营养成分表、净含量及食用方法等。若包装上缺少上述任何一项，该产品可能存在问题，建议最好不要购买。

●**看营养成分表中的标注及含量：**营养成分表中一般会标明蛋白质、脂肪、碳水化合物等基本营养成分的含量，矿物质如铁、锌、钙和磷的含量，维生素类如维生素 A、部分 B 族维生素和维生素 D 的含量。产品中所添加的其他营养物质也要标明。

●**看产品包装说明：**婴儿米粉应该标明"婴儿最理想的食品是母乳，在母乳不足或无母乳时可食用本产品；6 个月以上婴儿食用本产品时，应配合添加辅助食品"等说明文字。这一声明是企业必须向消费者明示的。

Q 什么是米糊?

米糊比米汤浓稠,但比米粥稀,几乎看不出米粒状;要达到米糊状态,可以用果汁机搅打再过滤。烹煮前先使用干净的过滤水将洗好的米略为浸泡,这样烹煮会容易煮烂,宝宝也较易吸收。

Q 怎样喂宝宝吃米糊?

调配好米糊后,为使宝宝顺利地吃下,妈妈还需要掌握一定的技巧。在喂宝宝的时候,需选择宝宝专用勺,勺子不宜太大;尽量将勺子放在宝宝的舌头中部,这样他就不易用舌尖将米糊顶出。

一些爸爸妈妈为了省事,将米糊和整瓶奶调和到一起让宝宝吸着吃,这么做虽然方便,但让宝宝失去了锻炼口腔功能的机会。

最后,需要提醒爸爸妈妈的是,千万不要试图用米粉类食物来代替乳类喂养。因为宝宝处于生长发育阶段,最需要的是蛋白质,而米粉中的蛋白质含量很少,难以满足宝宝生长发育的需要。长期过量食用米糊,会导致宝宝生长发育迟缓,神经系统、血液系统和肌肉生长发育受到影响,抵抗力下降,易生病等。

米糊

材料

大米 15 克,水 150 毫升。

做法

锅中加水煮开,加入洗净的大米,煮成稀饭后,用果汁机搅打,过滤后再以汤匙喂食。

黑米汤

材料

黑米 15 克,水 150 毫升。

做法

❶ 黑米淘洗干净(不要用力搓),用水浸泡 1 小时,不换水,直接放火上熬成粥。

❷ 待粥温热不烫后,取米粥上层的清液喂宝宝喝。

Q 燕麦片的量增加时，要给宝宝补充水分吗？

燕麦富含水溶性膳食纤维，会增加便便的体积，但若摄取的水分太少，则会造成便秘。刚开始尝试辅食的宝宝，还不需要额外增加水分，若进食燕麦片的量增加，可酌量加水。

Q 宝宝吃糙米更好？

为了让宝宝从小养成健康的饮食习惯，可选择粗糙未加工的主食类，糙米所含的 B 族维生素和膳食纤维较白米多。用糙米煮粥时，因为其中所含的纤维较粗，且宝宝还不太会吞咽，所以一定要用果汁机搅打，将纤维打散以利于吞咽。

Q 让宝宝不挑食，可以尝试不同的主食？

尝试不同的主食类，如燕麦、小米等，可以让宝宝尝试多元化的口味，培养宝宝不挑食的均衡饮食习惯。

宝宝开始吃辅食

燕麦糊

①人份

材料

燕麦片 3 匙（约 9 克）或燕麦粉 2 匙，水适量。

做法

锅中加水烧开，放入燕麦片煮熟，用果汁机搅打过滤后，可再加母乳或配方奶，以汤匙喂食。燕麦粉可用热水冲食。

小贴士

燕麦是作为宝宝辅食的很好选择，其膳食纤维含量高，还含有维生素E、亚麻酸、铜、锌、硒、镁等营养成分，有助于宝宝摄取均衡的营养。但要注意，有些宝宝会对麸质过敏，制作此辅食时，建议选用市售无麸质配方的燕麦片。

糙米糊

材料

糙米 80 克，水 500 毫升（1 次可煮多一点，煮后分装冷冻储存，食用时再解冻加热）。

做法

❶ 糙米洗净，泡水 2 小时。

❷ 锅中加水烧开，放入糙米，煮成稀饭。

❸ 将稀饭用果汁机搅打成糊，过滤后以汤匙喂食。

小贴士 糙米含有丰富的膳食纤维，而膳食纤维有助于帮助胃肠道蠕动，促进消化，预防便秘。糙米是稻谷脱去外层稻壳后的颖果，其保留了营养价值丰富的胚芽和内皮，直接用来煮食不宜消化，所以需要在水里充分地泡一段时间。

小米糊

材料

小米 10 克，水 150 毫升。

做法

❶ 将小米洗净，在水中浸泡 1 小时。

❷ 将小米和泡小米的水一起倒入料理机，搅拌成细腻的米浆。

❸ 将小米浆倒入锅中，加水，开小火，边煮边搅拌，煮沸即可关火。

❹ 加入适量温水，调匀即可用汤匙喂食。

小贴士 小米含有多种维生素、氨基酸和碳水化合物，可以为宝宝补充营养，促进身体发育。

土豆泥

1 人份

材料

土豆 40 克，母乳或配方奶适量。

做法

❶ 将土豆洗净，去皮，切小块，入蒸锅蒸，用筷子能轻松扎透即熟透。

❷ 将土豆块放入辅食碗，用汤匙将其压成泥状。

❸ 加入母乳或冲泡好的配方奶，调匀即可用汤匙喂食。

小贴士 随着宝宝的成长，他们的运动量会越来越大，体能消耗也随之加大，土豆泥不仅能提供宝宝所需的热量，还利于消化吸收，不会给宝宝的肠胃造成大的负担。

红薯泥

1 人份

材料

红薯 50 克，母乳或配方奶适量。

做法

❶ 将红薯洗净，去皮，切小块，入蒸锅蒸，用筷子能轻松扎透即熟透。

❷ 将红薯块放入辅食碗，用汤匙将其压成泥状。

❸ 加入母乳或冲泡好的配方奶，调匀即可用汤匙喂食。

小贴士 红薯含有丰富的膳食纤维，有助于促进消化，且红薯味道较甜，做成辅食，大多数宝宝都喜欢吃。

南瓜泥

1人份

材料

南瓜 50 克，母乳或配方奶适量。

做法

南瓜洗净，去皮，去瓤，切小丁蒸熟，用汤匙压成泥，再加母乳或冲泡好的配方奶，拌匀后用汤匙喂食。

Q 宝宝吃红薯要防胀气？

红薯属于易产气的食物，有些宝宝吃了红薯会胀气，若宝宝出现不舒服的症状，可以等宝宝长大一点，没有不舒服的反应后再食用。

Q 宝宝吃了南瓜后，容易挑食？

以主食类来说，南瓜较甜，若担心宝宝因吃了南瓜而挑食，建议先从米、麦类开始，最后再尝试南瓜泥。

Q 宝宝吃海带粥会不会太咸？

刚开始给宝宝吃海带粥，量一定不要多，目的是让宝宝尝试不同的口味变化；海带提供天然的鲜味和盐味，制作时不必再添加调味料。

海带粥

材料

干海带1片，大米半杯（量多时可冷冻分次食用），水适量。

做法

❶ 干海带洗净，泡水，切大片；大米洗净备用。

❷ 锅中加水煮沸，放入海带片煮沸，然后放入大米煮成粥。

❸ 捞出海带片，将粥用果汁机搅打成糊，用汤匙喂食。

苹果米粉

1
人份

材料

苹果1/4个，市售原味米粉2匙，水20毫升。

做法

苹果洗净，磨成泥，和市售原味米粉一起加水搅拌均匀，再用汤匙喂食。

小贴士

苹果有甜味，宝宝更容易接受，适合作为宝宝初次接触的水果给他喂食。

水梨糙米糊

1
人份

材料

水梨1/4个，糙米10克，水适量。

做法

❶ 水梨洗净，去皮，去核，切块，用果汁机搅打成汁。

❷ 糙米洗净，用水浸泡2小时，锅中加水烧开，放入糙米，煮成稀饭，然后用果汁机搅打成糊。

❸ 将水梨汁和糙米糊混合均匀，即可用汤匙喂食。

 **水果类**

Q 怎样制作果汁？

宝宝 4 个月大时，就可以开始尝试流质食物，当作辅食的准备期。刚开始制作时不必使用果汁机等工具，最好是以新鲜水果现榨的果汁为主，才能让宝宝立刻吸收水果中的营养成分。但须注意，制作前务必洗净双手，包括榨汁的纱布、汤匙、滤网、磨泥器等，都要洗干净并消毒。

Q 果汁和蔬菜汁的喂食要领？

在让宝宝准备尝试辅食前，可以试着在上午的每餐喂奶之间，或者活动之后，用奶瓶喂食新鲜果汁或蔬菜汁，不过，刚开始虽可以先用奶瓶喂，但若怕宝宝出现和乳头混淆的现象，最好先用汤匙少量喂食，但要小心别让宝宝呛到。

此外，喂食的时机最好在两餐母乳或配方奶之间，不要喧宾夺主，让宝宝靠果汁喝饱，因为 **4 ~ 6 个月喂辅食的目的，只是让宝宝尝试各种味道，学习以汤匙吞咽**，并非主要热量来源，此时每天的需奶量为 800 毫升左右，每天要喝足该有的奶量才行。

刚开始可以每天喂一种果汁，观察没有出现过敏现象时，再喂新的种类。等到开始吃辅食时，切记在每天 2 次的辅食喂食中，最好能 1 次喂蔬菜汤、1 次喂果汁，让宝宝摄入丰富的营养成分。

Q 第一次喂宝宝果汁要先稀释？

水果含有甜度及酸度，对于初次食用的宝宝，一定要先以凉开水稀释，等宝宝适应后再循序渐进地增加浓度。

Q 喂宝宝果汁应以当季水果为主？

宜选择当季且新鲜、多汁的水果，如橘子、橙子、西瓜、西红柿（有过敏体质的宝宝最好避免）、水梨等。

- **4~6个月：**果汁每天可给宝宝喝2次（但不能当作主餐），每次5~10毫升。
- **7~9个月：**每天的果汁量可增加到30毫升，喂食方式可以使用汤匙直接挖果肉磨成泥给宝宝吃，最适合的水果为香蕉、苹果、木瓜等。

Q 果汁先从苹果汁开始?

苹果是水果类中较不容易造成过敏的水果，建议宝宝第一次的水果汁从苹果汁开始。

苹果汁 ①人份

材料

苹果 1/4 个，凉开水适量。

做法

苹果洗净，削皮，以研磨器研磨，将过滤的苹果汁以 1:1 的方式兑凉开水，用汤匙喂食。

小贴士

苹果富含锌，锌是促进生长发育的重要元素，有促进宝宝智力发育的作用。苹果还有助于维护消化系统的健康，可减轻宝宝的腹泻症状。

丰水梨汁 ①人份

材料

丰水梨 1/4 个，凉开水适量。

做法

丰水梨洗净，削皮，以研磨器研磨丰水梨，将过滤后的丰水梨汁以 1:1 的方式兑凉开水，用汤匙喂食。

小贴士

丰水梨含有丰富的维生素和矿物质，其所含的膳食纤维还可以帮助宝宝预防和缓解便秘。此外，丰水梨还具有润肺止咳的功效，可以辅助治疗咳嗽。

Q 丰水梨可帮助宝宝排便?

丰水梨含有丰富的果胶，可帮助排便，便秘的宝宝可慢慢由喝丰水梨汁变成吃丰水梨泥。

Q 宝宝多喝哈密瓜汁，有助于眼睛保健?

哈密瓜含有 α- 胡萝卜素和 β- 胡萝卜素，能为宝宝的皮肤和眼睛提供所需的营养成分。

香瓜汁

材料

香瓜 1/4 个，凉开水适量。

做法

香瓜洗净，去皮，去瓤，将瓜肉以汤匙挖出，置于碗内，以汤匙压挤出汁，以凉开水稀释后再用汤匙喂食。

小贴士

香瓜含有钙、磷、铁及多种维生素，是宝宝成长不可缺少的营养成分，能滋养宝宝肠胃，改善消化功能，缓解排便不畅。

哈密瓜汁

材料

去皮哈密瓜 1/6 个，凉开水适量。

做法

哈密瓜去瓤，用汤匙挖出瓜肉，放于碗内，用汤匙压挤出汁，用凉开水稀释后以汤匙喂食。

小贴士

在吞咽期，宝宝的胃肠发育还不成熟，比较容易因吃错食物过敏，建议不要单独喂食水果，可用凉开水稀释后再喂宝宝吃。

Q 宝宝多吃西洋梨可防感冒？

西洋梨含有维生素 A 及胡萝卜素，能增强黏膜对感冒病毒的抵抗力。此外，西洋梨所含的果胶能帮助消化，增强胃肠蠕动能力，增加粪便量。

Q 过敏宝宝不要喝西红柿汁？

有少数宝宝会对西红柿过敏，除非确实是严重过敏，才建议在 1 岁以后尝试，否则可以当成一般水果轮流替换。

西洋梨汁 （1 人份）

材料

西洋梨 80 克，凉开水适量。

做法

❶ 将西洋梨洗净，去核，切块。

❷ 将西洋梨块放入榨汁机榨汁，过滤出汁液，用凉开水稀释后以汤匙喂食即可。

小贴士 西洋梨汁能增进宝宝食欲，帮助消化，并可以清肺润燥，但其性寒，腹泻的宝宝不宜饮用。

菠萝汁 （1 人份）

材料

新鲜菠萝 1 片（约 30 克），温开水适量。

做法

❶ 将菠萝洗净，切小块。

❷ 将菠萝块放入榨汁机，加适量温开水，搅打均匀。

❸ 过滤出汁液，用汤匙喂食即可。

小贴士 菠萝几乎含有所有人体所需的维生素，对儿童生长发育有益。

小西红柿汁

材料

小西红柿3颗，凉开水适量。

做法

将小西红柿洗净，对切，用汤匙压出汁，以1:1的方式兑凉开水稀释，再用汤匙喂食。

小西红柿含有丰富的类胡萝卜素，在人体内能转化为维生素A，具有促进骨骼生长的作用。

木瓜泥

材料

木瓜1片（约30克）。

做法

将木瓜洗净后去皮，去瓤，以汤匙刮取果肉，压碎成泥，再用汤匙喂食。

宝宝第一次食用木瓜泥时，要注意观察他是否过敏。

西瓜汁

材料

西瓜1片（约30克），凉开水适量。

做法

将西瓜去籽，切块，压成汁，过滤，以1:1的方式兑凉开水稀释，再用汤匙喂食。

西瓜的含水量在水果中是首屈一指的，因此，在宝宝口渴汗多、烦躁时，可适量喂食西瓜汁。

Q 宝宝可以吃整颗葡萄吗?

葡萄中的葡萄多酚主要在皮和籽中,若家里有果汁机,可以把皮和籽磨碎,搅成汁或泥给宝宝食用,不过刚开始尝试时,建议还是先从单纯的葡萄汁兑水开始。切勿将整颗葡萄给婴儿吃,以免堵住气管发生危险。

Q 糖分较高的果汁,别太早让宝宝喝?

西瓜含糖量较高,宝宝接受度高,但为了避免宝宝拒绝吃其他偏酸的水果,建议先尝试其他水果汁,再喝西瓜汁。

Q 4个月的宝宝要开始摄取维生素C?

对于4个月以上的宝宝,从母体带来的铁质日趋不足,增加富含维生素C的水果的摄取,亦可帮助铁质的吸收。和同等重量的柑橘类水果相比,木瓜中的维生素C含量更高,建议多食用。

葡萄汁

1 人份

材料

葡萄2颗,热开水、凉开水各适量。

做法

❶ 葡萄洗净,置于碗内,以热开水浸泡2分钟,取出葡萄,去果皮。

❷ 用干净纱布将葡萄包起,用汤匙压挤出汁。

❸ 葡萄汁以1:1的方式兑凉开水,再用汤匙喂食。

小贴士

葡萄含有丰富的矿物质、有机酸、氨基酸和多种维生素,可促进食物的消化吸收,有利于宝宝的健康成长。

Q 宝宝更容易接受香蕉泥？

香蕉的口感和母乳相似，并且富含膳食纤维，可帮助排便，很适合作为宝宝固定的辅食添加食材之一。

Q 为什么要给宝宝补充红枣？

红枣和黑枣是富含各种矿物质和维生素的水果，营养价值高。有市售黑枣辅食罐头，却没有红枣罐头，因此得自己做。

香蕉泥
（1人份）

材料

香蕉 1/4 根，母乳或配方奶适量。

做法

香蕉去皮，切块，压成泥，用母乳或冲泡好的配方奶搅匀，再用汤匙喂食。

 小贴士

香蕉泥含有丰富的膳食纤维，可促进宝宝的胃肠蠕动，预防便秘，且其操作方便，非常适合新手妈妈。

红枣汁
（1人份）

材料

干红枣 4 颗。

做法

将红枣洗净，以小刀将红枣的核剔除，水开后丢入红枣煮成汁，再用汤匙喂食。

 小贴士

红枣中的维生素C能促进蛋白质的合成，提高机体免疫力，预防宝宝感冒。红枣还有增进食欲的作用，可以减少宝宝挑食、厌食的现象。

 **蔬菜类**

Q 宝宝何时开始喝蔬菜汁?

等宝宝已经适应稀释果汁,且没有出现任何不适后,就可以开始尝试喂食蔬菜汁。初期可以单一菜汁为主,记得煮汁时不要添加调味料,因为宝宝的味觉细胞很敏感,蔬菜的原味对宝宝来说已经是全新的尝试了!

Q 蔬菜汁该怎么做?

蔬菜汁的做法都类似,将50克蔬菜(压紧约半碗)洗净,切细丁,放入约1碗水中煮沸,过滤后取菜汁即可食用。若是含水量较高的蔬菜,只要8分满的水量即可。另外,也可以用微波炉煮,半碗蔬菜加半碗水,微波强度设在强力,微波煮2分钟,再换面,微波煮2分钟,取菜汁放凉,即可食用。

也可用水焯蔬菜,加调味料前的蔬菜汁可给宝宝食用,调味后再给大人食用。

有很多蔬菜都适合做蔬菜汁,如胡萝卜、菠菜、上海青、圆白菜、小白菜、苋菜等,可依季节来选择适当的蔬菜。

Q 先让宝宝尝试绿色蔬菜辅食?

绿色蔬菜的菜味重,若宝宝适应良好,以后其他的蔬菜类基本都能适应。因此,尝试辅食时,建议先以绿色蔬菜为主,再试浅色蔬菜或瓜类蔬菜。

菠菜汁

材料

菠菜50克,水0.8杯。

做法

❶ 菠菜洗净,切除根部,切段。

❷ 锅中加水,水开后放入菠菜段略焯,捞出菠菜段,倒掉锅中的水。

❸ 再次往锅中加水,烧沸后放入菠菜段,煮2分钟后关火,滤取汤汁,用汤匙喂食。

Q 苋菜是替宝宝补充铁质的好蔬菜？

给宝宝尝试辅食的时候，不要以大人的喜好为主。苋菜因为铁质含量较高，所以味道会比较重，此时宝宝体内储存的铁质越来越少，因此很适合用于给宝宝补充铁质。

Q 红薯叶所含的维生素A很丰富？

红薯叶含有丰富的维生素 A，在蔬菜类中名列前茅，对于宝宝的皮肤、头发和指甲的健康都很重要。

西蓝花汁

（1人份）

材料

西蓝花5朵，水1杯。

做法

西蓝花洗净，锅中加水烧开后，放入西蓝花煮熟，取其汤汁，用汤匙喂食。

小贴士

用淡盐水浸泡西蓝花5~10分钟，可将西蓝花清洗得更干净。西蓝花汁可促进宝宝成长，维持牙齿及骨骼的正常发育，增强免疫力。

苋菜汁

（1人份）

材料

苋菜50克，水1杯。

做法

将苋菜洗净，切段，放入锅内加1杯水煮，煮熟后滤出汤汁，以汤匙喂食。

小贴士

苋菜富含易被人体吸收的钙、铁、维生素K，对宝宝的骨骼及牙齿的生长发育有很好的促进作用，并能增强造血功能。

空心菜汁

材料

　　空心菜 50 克（可食的部分，大约半碗饭的量），水 1 杯。

做法

　　将空心菜洗净，放入锅内加 1 杯水煮，煮熟后以汤匙取其汤汁，再以汤匙喂食。

小贴士

　　空心菜富含膳食纤维，具有促进宝宝胃肠蠕动、通便解毒的作用。

红薯叶汁

材料

　　红薯叶 50 克（可食的部分，大约半碗饭的量），水 1 杯。

做法

　　将红薯叶洗净，放入锅内加 1 杯水煮，煮熟后以汤匙压汁喂食。

小贴士

　　红薯叶含有丰富的膳食纤维及维生素A、叶绿素和钙，对宝宝的生长发育大有好处。

小白菜汁

材料

　　小白菜 50 克，水 0.8 杯。

做法

　　小白菜洗净，切段，放入水中，水开后，以中火煮 3 分钟，滤取其汁，用汤匙喂食。

小贴士

　　小白菜是维生素和矿物质含量最丰富的蔬菜之一，用它做辅食有助于宝宝补充营养，增强免疫力。

Q 小白菜有什么营养价值?

小白菜属于十字花科蔬菜,富含多种植物素,其中维生素 C 的含量在蔬菜中属于较高的一种。

Q 圆白菜含有宝宝所需的多种天然激素?

圆白菜含有多种天然激素,以及 β- 胡萝卜素、叶黄素、吲哚类、萝卜硫素、葡糖二酸等,宝宝多吃蔬菜,可从中获得不同的抗氧化物质。

Q 给宝宝喝的胡萝卜汁要煮熟?

宝宝的胃肠系统尚未健全,不建议喝生的胡萝卜汁,应将其煮熟后再压汁。

圆白菜泥 ①人份

材料

圆白菜 50 克,水 0.8 杯。

做法

圆白菜洗净,切丝,加水煮熟,以果汁机搅成泥,用汤匙喂食。

 小贴士 圆白菜富含膳食纤维,可促进胃肠蠕动,但其中的粗纤维较不利于消化,所以脾胃虚寒、腹泻的宝宝不能多吃。

胡萝卜汁 ①人份

材料

胡萝卜 1 根,温开水适量。

做法

将胡萝卜洗净,切块,蒸至熟软后,用果汁压榨机压出胡萝卜汁,以 1:1 的方式兑温开水稀释,用汤匙喂食。

 小贴士 若没有果汁压榨机,可用电锅煮熟,煮出来的胡萝卜汤汁,亦可保留喂食。

父母早教有方，宝宝聪明健康

第4个月宝宝的早教

"溪溪，快看哦，这个是爸爸，这个是妈妈，这个是……"溪溪妈正在给溪溪看照片时，溪溪奶奶走了过来，说："给溪溪看那些照片干啥，她又看不懂，现在每天让她吃好、睡好、不生病就足够了，天天搞那些乱七八糟的东西有什么用？别看了，别看了，我抱溪溪晒太阳去。"说完，溪溪奶奶就抱走了溪溪，留下一脸迷茫的溪溪妈。

其实，溪溪奶奶的这种观念是不科学的，让宝宝吃好、睡好、不生病固然重要，但要知道，在婴幼儿时期对宝宝进行早教也非常重要。

○ 益智亲子游戏

在这个月，随着宝宝各种感觉器官的成熟，宝宝对外界刺激的反应日益增多，爸爸妈妈一定要抓住宝宝智能教育的黄金时期，多和宝宝做一些益智亲子小游戏，让宝宝快快乐乐地长大。

够取玩具：训练宝宝的视觉和取物能力

从这个月起，宝宝的视线可以随着物体移动了。妈妈可以和宝宝一起玩够取玩具的游戏。这个游戏可有效锻炼宝宝的视觉能力和取物能力，游戏方法如下。

❶ 宝宝仰卧。妈妈用绳子在宝宝眼前系一个晃动的玩具，将其放在宝宝触手可及之处。

❷ 宝宝看到玩具就会伸手去摸，当宝宝够到球后，妈妈别忘了夸奖宝宝哦！

❸ 待宝宝摸到后，妈妈再将玩具稍微拿远一些。

❹ 宝宝便会继续努力去够。当宝宝经过多次努力后，让宝宝够到玩具。妈妈这时也要夸奖宝宝！

认物训练：发展宝宝动作的目的性

在这个月里，爸爸妈妈可以和宝宝一起来做认物训练。在和宝宝做此游戏的时候，爸爸或妈妈可以抱着宝宝站在台灯前。

爸爸妈妈用这种方法教会宝宝认识第一种物品之后，就可以逐渐教宝宝认识家中的门、窗、桌子、椅子和花等物品。随着宝宝一天天成长，他就能学会用手指认物品了。

认物训练可以让宝宝将语言和物品联系起来，并有助于发展宝宝动作的目的性。

❶ 用手拧开台灯的开关，对宝宝说"灯"。刚开始，宝宝可能不会注意台灯，这时妈妈无须心急。

❷ 经过多次开关后，宝宝就会发现灯光一亮一灭，眼睛就会转向台灯。渐渐地，当妈妈说起"灯"时，宝宝便会快速找到目标。

认颜色：发展宝宝右脑形象思维能力

这个月，爸爸妈妈可以教宝宝认识颜色，有助于发展宝宝右脑形象思维能力。

需要提醒爸爸妈妈的是，一次只能教宝宝辨认一种颜色，教会后要巩固一段时间再教第二种颜色。如果宝宝没能记住红色玩具，爸爸妈妈就要再过几天另拿一件宝宝喜欢的红色玩具重新开始。

❶ 妈妈放一件宝宝喜爱的红色玩具，如红色积木，反复告诉他："这块积木是红色的。"然后拉着宝宝的手从不同的玩具中拿起这块红色积木。

❷ 妈妈拿出另一个红色的玩具，如红色小球，告诉宝宝："这个也是红色的。"

❸ 当宝宝表示疑惑时，妈妈把上述物品放在一起，告诉宝宝："这些都是红色的。"

第5个月宝宝的早教

在这个月，湉湉仍然不会说话，但在湉湉爸妈看来，湉湉已经有了很大的进步。现在，她对语言的感觉变得越来越好，当湉湉爸和湉湉妈说话的时候，湉湉也越来越喜欢咿咿呀呀地参与其中。湉湉妈接到婆婆电话时，怀中抱着的小湉湉特别喜欢对着话筒"唱歌"，婆婆听到后十分开心，直夸湉湉是个聪明的宝宝。

正所谓聪明宝宝用心教，湉湉之所以变得这么聪明，关键在于湉湉爸妈对湉湉的早期教育做得好。那么，他们是怎么做的呢？一起来看看吧。

宝宝开始吃辅食

⭕ 益智亲子游戏

"叮叮当，叮叮当，盘儿响叮当。叮叮当，叮叮当，盘儿响叮当……"听，湉湉妈正唱着自己改编的歌曲，和小湉湉一起玩敲盘子的游戏呢。湉湉妈每天都会和湉湉做一会儿益智亲子小游戏，看小湉湉那兴奋的样子，玩得十分开心呢。

照镜子游戏：认识自己

一提起带宝宝一起照镜子，老一辈的人纷纷表示反对，称宝宝照镜子会生病，这种看法是很不科学的。其实，通过照镜子，宝宝可以从感觉上将自我和外界分开，并能够渐渐认识自己。

宝宝5个月左右，会对和自己差不多大小的宝宝感兴趣，但那时候他还不能意识到镜子中的宝宝就是自己。妈妈可以和宝宝一起做照镜子游戏。

慢慢地，宝宝就会发现无论自己做什么样的动作或表情，镜子里的"宝宝"也会做同样的动作和表情。宝宝会逐渐明白镜子是用来照人的，镜子中的人就是镜子前的人，同时，这一游戏也有助于宝宝学会认识自我。

❶ 妈妈抱着宝宝站在镜子前边，引导宝宝去看镜子，镜子里的"宝宝"会让他感到很好玩。

❷ 他会用手去摸镜子里的"宝宝"，有时还会用手拍打镜子，和镜子"聊天"。

❸ 妈妈可指着镜子，告诉宝宝"这是宝宝""这是妈妈""宝宝笑一笑"等。

❹ 妈妈在抱着宝宝照镜子的时候，还可以告诉宝宝五官的位置，如"这是宝宝的嘴巴"等。

挠痒痒游戏：让宝宝开心笑起来

挠痒痒是宝宝们最喜欢的游戏之一，方法如下。

当宝宝平躺的时候，妈妈拉起宝宝的一只手臂，嘴里唱着有节奏的儿歌，在此过程中，轻轻摆动宝宝的手臂。当妈妈唱到最后一个字的时候，可以用另一只手抓挠宝宝的小肚皮或腋窝，这时候，宝宝便会咯咯地笑个不停。

这个游戏可以让宝宝笑得十分开心，情绪变得很好，还能提高宝宝对触觉的敏感性和对节奏的感知度。

◆宝宝佳熹：佳熹最喜欢和妈妈一起做挠痒痒的游戏啦，每次做这个游戏的时候，宝宝都会咯咯地笑个不停。

◆宝宝佳熹：佳熹妈妈正教佳熹打哇哇呢。不过，佳熹学得可不是太认真啊。

宝宝也会打哇哇：引导宝宝发音

妈妈可以和宝宝一起做打哇哇的游戏，引导宝宝连续而有节奏地发音，初步感知声音。游戏方法如下。

提前准备好一张洁净的薄纸。妈妈先用手在自己的嘴上拍，发出哇哇的声音，然后拿着宝宝的小手在他的嘴上轻拍。当宝宝发出哇哇声时，妈妈拿出薄纸放在他的嘴前，让他看到由自己的声音而引起了纸的振动，这样可以引导宝宝更好地感知声音。

如果宝宝不能发出哇哇的声音，妈妈可以示范发音，让宝宝看着你的口形。拍宝宝嘴巴的时候，妈妈同时要引导性地发出哇哇的声音。

抬腿踢球游戏：促进宝宝左右脑发育

妈妈可以和宝宝一起做抬腿踢球游戏。

这个游戏可以促进宝宝的腿部发育，同时，还可以促进宝宝左右脑的发育。（注意不要让宝宝单独玩气球。）

❶ 用线将气球挂在宝宝上方，高度为宝宝抬起脚时刚好能碰到。妈妈轻轻抓住宝宝的一只小脚丫，抬起踢一下气球。

❷ 当宝宝踢到气球后，妈妈要亲吻宝宝以给予鼓励。接下来，妈妈可以让宝宝的左右脚轮流踢气球，或抓住宝宝两只小脚丫一同踢气球。

第6个月宝宝的早教

在这个月，宝宝的好奇心和求知欲更强了，爸爸妈妈要及时加以训练了。

⭕ 益智亲子游戏

爸爸妈妈可以经常和宝宝做一些益智亲子小游戏，这有助于开发宝宝的智力。

藏猫猫：增强宝宝想象力

藏猫猫这个游戏不仅能够让宝宝感到快乐，还有助于增强宝宝的想象力。具体方法如右图所示。

你看，妈妈的脸：加强宝宝大脑的视觉潜能

妈妈可以和宝宝一起玩"你看，妈妈的脸"这个有趣的小游戏。游戏可以对宝宝形成有利的视觉刺激，激发宝宝大脑的视觉潜能，有助于培养宝宝的观察力。游戏方法如下。

❶ 妈妈可以将手绢盖在宝宝的脸上，并说："看不见了。"让宝宝自己寻找妈妈在哪儿。

❷ 当宝宝拉手绢时，妈妈可以拿开手绢，让宝宝的小脸露出来，微笑着说："妈妈在这里。"

❶ 妈妈坐在床上或地毯上，两腿伸直，抱住宝宝的腋下，让宝宝站在自己的膝盖上。

❷ 妈妈屈膝时，宝宝会上升，妈妈边做边说："妈妈的脸在下面。"

❸ 放平膝盖时，宝宝就会下降，妈妈边做边说："妈妈的脸在上面。"

❹ 妈妈可以和宝宝反复做几次这个游戏，让宝宝从上下左右不同角度观察妈妈的脸。

7~9个月 宝宝吃辅食

喂辅食要注意哪些事?

Q 辅食也要遵循营养均衡原则?

宝宝七八个月后,可以吃的食物种类变多了,这时**每天的食谱,就要开始遵循营养均衡原则**,因此别忘了组合谷类、蛋白质、蔬菜、水果等,以维持均衡的营养。

Q 外出游玩,如何准备辅食?

- 准备好能整份带出门的水果,如香蕉、苹果等,再带上碗和汤匙,以便能刮出果泥喂宝宝。
- 把稀饭煮烂放进保温瓶中。
- 买现成的罐装婴儿食品。
- 若考虑事先制作麻烦,又不易保存,也可以买白吐司或馒头在路上喂食。
- 如果是夏天出游,要注意食物保存事宜,避免太阳直射食物,导致食物腐败变质。

Q 该为宝宝添加营养剂吗?

有些母乳宝宝长得较精瘦,让父母误以为宝宝营养不良,而想帮其添加营养剂。其实,**宝宝到了七八个月时,身高会逐渐拉长,体型不似前几个月时圆润,这是自然的现象,不用过于担心。**

至于是否需要添加营养剂,则应该由儿科医师根据个体的发育状况(身高、体重、头围等)做评估,若真需要,才可遵照医师建议添加,不建议父母自己购买营养剂添加在辅食中。

Q 给宝宝吃市售婴儿食品，如何兼顾咀嚼力？

市售的婴儿食品种类丰富，如果父母没有时间亲自做辅食，也可以选择罐装婴儿食品。不过，宝宝 9 个月大时，应该吃一些需要咀嚼的食物，这时罐装婴儿食品就显得太软了一点。

父母可以善用一些简单的食材，如搭配面、香蕉、蔬菜等，就能让菜色丰富，并达到增量的效果，同时兼顾营养均衡和锻炼咀嚼力。

Q 如何判断宝宝吃蛋是否会过敏？

蛋白容易引起过敏，且蛋壳上的细菌也容易通过食物传染给宝宝，因此蛋要煮熟是最基本的原则。**7 个月大的宝宝只能先喂食蛋黄，1 岁以上再喂食蛋白**，如果吃其他食物都没有不舒服的反应，吃了蛋白却不舒服，就是对蛋白过敏。

如果经过确认，证实是对蛋白过敏，就暂时不要喂食，待儿科医师进一步确认是否为过敏体质，并找出过敏原。

Q 宝宝用舌头顶出食物，是表示不喜欢吃吗？

宝宝用舌头顶出食物，可能只是一种反射动作，不代表宝宝不喜欢吃这些食物，只要多尝试几次，宝宝就会开始吃。

此外，有时宝宝会因为不喜欢有颗粒的食物，而将送入嘴中的食物用舌头顶出来，但又无法一直喂食糊状的食物，因此让父母相当困扰。这时可准备能让宝宝自己用手拿着吃的东西，如婴儿磨牙饼，激起他自行进食的兴趣。只要多试几次，或许就可以顺利进食！

Q 要帮宝宝清洁舌苔或乳牙吗？

通常，宝宝第 1 颗乳牙会在 6 ～ 8 个月时长出，但其实乳牙早在宝宝出生时，就已经在牙床里发育完成。很多妈妈以为，因为还没长牙，所以不需要清洁口腔，这是错误的观念。在长牙前，就应保持宝宝口腔的清洁。

当喝完奶或吃完辅食后，可以用干净的纱布伸进宝宝的口腔中，轻轻擦拭并让他吸或咬，以保持口腔的干净，养成习惯，待牙齿长出后继续清洁，便可以预防奶瓶性龋齿。

Q 辅食阶段何时结束?

若宝宝已经可以用牙龈咬断如香蕉硬度般的食物，然后很顺利地慢慢咀嚼后吞下肚，且每餐主食都能吃下儿童餐碗的 1 碗分量，蔬菜和蛋白质类食物也能顺利进食时，就表示已经逐渐脱离辅食阶段，可以准备迈入下一个饮食阶段，开始逐渐尝试大人的食物。

辅食阶段结束的时间点，每个宝宝不尽相同，通常在 1~1.5 岁完成。不过，虽然可以逐渐脱离辅食阶段，进入和成人一样的饮食状态，仍必须留意烹煮的方式，不要一下就给宝宝吃太硬或含过多调味料的食物，以免造成吞咽困难或消化不良。

Q 为什么有些食物吃下去后，又完好如初地从便便排出?

有些食物确实会在吃进去后完好如初地通过便便排出，如胡萝卜、金针菇等，虽然看起来令人担心，但其实是正常的现象，**因为人体胃肠道无法消化吸收的高纤维蔬菜会以粪便形式排出，帮助排便顺畅，建立良好的肠道环境。只要大便没有出现不寻常的现象（腹泻），就不用担心，**若宝宝愿意吃，应继续喂食。

Q 因为生病拉肚子中断辅食喂食后，还需要从头开始吗?

需要! 如果是因为腹泻而暂停喂食辅食，可以等情况稳定下来，**先观察宝宝的食欲和排便状态，**再从容易消化的清粥开始恢复喂食。倘若刚开始喂食辅食即出现腹泻的现象，或者比腹泻的情况更严重，则需要请医师诊治，治疗后，等情况好转时，再从头开始逐渐恢复喂辅食。

Q 食物送进口里，嘴巴没动就吞进肚子里，没关系吗?

8 个月大的宝宝，通常已经会用牙龈及舌头压扁食物后吞进肚子里，如果发现宝宝没有咀嚼就直接把食物吞下去，可能的原因有两个：一是之前都是吃软的食物，突然换成较硬的食物时，牙龈或舌头不习惯进行压扁的动作，所以直接吞下去；另一个则是家长仍每次都喂食软绵绵的食物，完全不需要咀嚼就可直接吞下去。

如果是后者，父母不妨改变一下食物的硬度，试试看宝宝会不会动口，再努力将食物的硬度调整至适合宝宝的程度。

Q 何时可以开始使用杯子？

当宝宝六七个月时，就可以开始训练他使用杯子。可以在餐和餐之间吃辅食时，用开水或稀释的果汁代替牛奶，装在杯子里。在宝宝吃到一半时，开始让他喝，每吃几汤匙的食物后就喝一些。

等到宝宝已经能从杯子中喝几十毫升稀释的果汁或温开水时，就可以让他在进食时也用杯子，让他逐渐习惯，慢慢戒掉奶瓶奶嘴。之后也可以练习使用吸管，市面上有许多练习杯，都很适合拿来当作练习的工具。

宝宝1岁以后，就能逐渐灵巧地使用杯子和吸管。在此之前，只要让宝宝慢慢练习即可。

Q 先喂孩子吃，长大后再让他自己动手吃？

当宝宝到了六七个月，会希望自己拿东西吃，这时父母可以让他拿着磨牙饼或米饼放在嘴里吃，或者提供学习用的汤匙，让他练习抓握，既可以吸引他进食的兴趣，也能培养他的自理能力。

若想培养宝宝定点用餐的习惯，可以准备专属的餐椅，且在用餐前，在餐桌底下铺报纸，帮他穿上围兜，等到吃完后再整理即可。

Q 如何训练宝宝自己进食？

宝宝七八个月时，是训练他自己进食的关键时期，虽然容易搞得一团糟，但更要耐着性子让他自由发挥，学习自理。**只要在用餐前，先在餐桌下铺报纸或餐垫，穿上围兜，就可以让他学习自己拿着汤匙进食，父母只需要在旁边偶尔协助，趁机偷塞几口到他嘴里即可。**不久之后，宝宝就学会自己用汤匙进食了。

Q 7～9个月的宝宝能吃什么？

宝宝大约7个月时，就可以开始添加含蛋白质的食物，如蛋黄、鱼肉、猪肉、牛肉、豆腐等，都可以慢慢尝试，但还是不能吃蛋白，因为较容易有过敏的现象。

这时的食物可从汤汁或糊状逐渐变成泥状或固体状，至于谷类食物仍可食用，可以改成稀饭、软面条、吐司及馒头等。

至于蔬菜或水果，纤维细的可以先吃，若是纤维较粗的蔬果，以及太过油腻或辛辣的调味料或食物，则不适合宝宝食用。最重要的是，喂食前，先试试食物的温度，以免烫伤宝宝！

7~9个月宝宝的辅食

 **主食类**

Q 宝宝吃米饼可以锻炼手的握力?

米饼能训练宝宝以手进食的能力;对于已经长牙的宝宝,米饼也是很好的固齿工具。

Q 怎么喂宝宝吃面包?

已经长牙的宝宝,可以让他自己用手拿着烤过的吐司、馒头等慢慢吃,或者可以去掉馒头、吐司面包的硬皮,撕成小块,泡在牛奶中喂食。

米饼
 1 人份

材料

市售幼儿原味米饼1片。

做法

拆掉米饼的包装袋后,让宝宝用手握取食用。

> **小贴士**
> 米饼的特点是咬感轻松、老少皆宜,又不胀胃,营养丰富、价廉,还可帮助宝宝磨牙。

烤吐司
 1 人份

材料

吐司1片。

做法

将吐司置于烤箱烤5分钟,烤至金黄色后切成小块,让宝宝用手握取食用。

> **小贴士**
> 吐司含有丰富的碳水化合物、维生素及钙,可促进宝宝的骨骼发育。

Q 豌豆和黄豆都富含优质蛋白质？

豌豆和黄豆不仅富含膳食纤维，也都是很好的优质蛋白质来源，适合作为宝宝的营养补充食材。

Q 宝宝可以吃面线但不要喝汤？

面线汤汁不要给宝宝喝，因面线含盐量比较高，汤汁较咸。若选用不咸的面，则可喝汤汁。

Q 宝宝第一次吃萝卜糕要慎选？

宝宝刚开始食用萝卜糕，要选用原味无馅料的萝卜糕，不要买港式萝卜糕，因为其钠和油脂含量都较高。

蒸馒头

材料

市售馒头 30 克（约 1/3 个）。

做法

将馒头用电锅蒸热，晾至不烫手后，让宝宝用手握取食用。

 让宝宝用手拿着馒头吃，不仅可以锻炼宝宝的抓握能力，还可促进宝宝的牙齿发育，锻炼宝宝的咀嚼能力。

豌豆泥

材料

豌豆 85 克，水适量。

做法

豌豆洗净，放入电锅，加适量水蒸煮至熟，再用汤匙压碎成泥状喂食。

小贴士 豌豆富含膳食纤维，能促进大肠蠕动，保持大便通畅，很适合便秘的宝宝食用。

面线

材料

面线 10 克，水适量。

做法

❶ 锅中加水烧开，加入面线煮至熟烂。

❷ 将面线捞出，用汤匙压碎后再喂食宝宝（压碎的程度，依宝宝的吞咽能力决定）。

制作面线时会加盐以起到保鲜的作用，若煮给宝宝吃，则不需要额外加盐。

蒸萝卜糕

材料

萝卜糕 25 克（约 1/3 块）。

做法

将萝卜糕用电锅蒸熟后，稍晾即可用汤匙压碎喂食。

萝卜糕也可油煎食用，它不仅营养丰富，而且有助于锻炼宝宝的咀嚼能力，可作点心食用。

红枣山药粥

材料

红枣 2 颗，山药 20 克，大米 20 克，水适量。

做法

❶ 山药洗净，去皮，切小丁；红枣洗净，去核，切碎；大米洗净。

❷ 锅中加水，大火烧开，将大米、山药丁、红枣碎放入锅中，大火煮开，转小火煮至粥黏稠。

❸ 将粥用果汁机搅打成糊，用汤匙喂食。

Q 如何自制大骨高汤？

可以将大骨头或小肋骨放入清水中，用中火煮沸 5 分钟，先去除血水。然后将氽烫过的骨头用清水洗净，再放入清水中熬煮约 2 小时，加入 1 个苹果略煮，就是一锅营养的高汤了。特别注意，不需使用任何调味料。

高汤冷却后，即可移入冰箱冷藏，再撇掉汤上的浮油；待冷却后，将高汤倒入制冰盒，需要食用时再取出所需量加热即可。

Q 大骨高汤一定要去油？

给宝宝喝的大骨高汤一定要去油，因为宝宝胃肠道发育不完全，对于脂肪的消化能力不好，高油脂食物容易造成拉肚子。

大骨南瓜粥

 1 人份

材料

大米 20 克，去皮南瓜 30 克。

调味料

大骨高汤 120 毫升。

做法

南瓜洗净，去皮，去瓤，切块；大米洗净，和大骨高汤一起煮成粥，用果汁机打匀，再用汤匙喂食。

小贴士

南瓜富含胡萝卜素，有益眼睛健康。

苹果麦片泥

 1 人份

材料

苹果 1/4 个，麦片 20 克。

做法

苹果洗净，去核，切块，用果汁机打成泥，加入用水冲好的麦片糊拌匀，用汤匙喂食。

小贴士

麦片所含的氨基酸组成比较全面，清香甘甜的苹果能够大大增进宝宝的食欲。

Q 怎样煮粥?

用小火将米和水熬成粥即可喂食。如果宝宝已经适应多种蔬菜，可以在里面加入少许肉泥、蔬菜泥或鱼肉泥、蛋等，就是一道可口营养粥。

Q 宝宝吃苹果和麦片，可增加肠道益生菌?

苹果和麦片都是富含水溶性膳食纤维的食物，能增加肠道内有益菌的含量。

柴鱼海带粥

材料

大米、糙米各 20 克。

调味料

柴鱼高汤 120 毫升。

做法

糙米和大米洗净，泡水 2 小时，混合后以柴鱼高汤熬煮成粥，放入果汁机搅打至浓稠，用汤匙喂食。

> **小贴士**
> 柴鱼高汤做法：取少许柴鱼和鸡骨、1 片海带，加水熬煮成高汤后去渣。冷却后将高汤倒入制冰盒，食用时再取出所需量即可。

西红柿蔬菜粥

材料

西红柿 50 克，洋葱 20 克，圆白菜 30 克，大米 20 克，水适量。

做法

将蔬菜洗净，切小块，加水和洗净的大米一起熬煮成粥，再用果汁机打成糊，过滤去渣，用汤匙喂食。

> **小贴士**
> 开始尝试多种食物一起煮前，要确定宝宝每种食材都单独食用过，才能混煮，以免宝宝出现过敏时找不出引起过敏的食物。

 **蔬菜类**

Q 宝宝多吃绿豆芽泥能补充维生素C?

绿豆芽是维生素 C 含量很高的蔬菜，每 100 克绿豆芽含有 183.6 毫克维生素 C。宝宝每日维生素 C 的建议摄取量是 50 毫克，27 克绿豆芽就可提供宝宝 1 日的需要量。

Q 7~9个月的宝宝建议多吃油菜泥?

7~9 个月的宝宝每日需钙量为 400 毫克。油菜的含钙量在所有蔬菜中是较高的，可以多食用。

Q 宝宝对丝瓜泥的接受度很高?

丝瓜不加调味料就有天然的甜味，很适合宝宝食用。

绿豆芽泥

 1人份

材料

绿豆芽 40 克，水适量。

做法

❶ 将绿豆芽洗净。

❷ 锅中加水烧开，放入绿豆芽煮熟，捞出放凉。

❸ 将绿豆芽用破壁机搅打成泥状，倒入碗中，用汤匙喂食。

小贴士

绿豆在发芽的过程中，维生素 C 的含量大量增加，可达绿豆原含量的几倍，所以绿豆芽的营养价值比绿豆更高。

油菜泥

材料

油菜 40 克，水适量。

做法

将油菜择洗干净，用水煮熟，沥干后放入果汁机搅成泥状，用汤匙喂食。

 小贴士

油菜泥可补充B族维生素、维生素C、钙、磷、铁等营养成分，且油菜富含膳食纤维，可促进宝宝排便。

丝瓜泥

材料

丝瓜 40 克。

做法

丝瓜削皮，洗净，切碎，蒸熟后用果汁机搅成泥状，用汤匙喂食。

小贴士

宝宝不宜生吃丝瓜，因为宝宝的消化功能还很弱，若生吃丝瓜很容易引起腹泻等胃肠道疾病。

冬瓜泥

材料

冬瓜 50 克。

做法

冬瓜削皮，去瓤，洗净，切碎，蒸熟后用果汁机搅成泥状，用汤匙喂食。

小贴士

冬瓜味道清淡，无异味，宝宝容易接受。但冬瓜性寒，胃肠功能不佳、腹泻的宝宝不宜食用。

芥蓝菜泥

材料

　　芥蓝菜 40 克，水适量。

做法

　　将芥蓝择洗干净，煮熟后放凉，用果汁机搅成泥状，用汤匙喂食。

宝宝开始吃辅食

小贴士
　　芥蓝含有丰富的膳食纤维，且容易消化，可促进胃肠蠕动，常吃芥蓝菜可预防感冒，还可以补血。

西红柿小白菜泥

材料

　　西红柿 1/6 个（约 30 克），小白菜 20 克，水适量。

做法

❶ 将西红柿洗净，切块；小白菜洗净，切段。

❷ 锅中加水烧开，放入西红柿块和小白菜段烫熟，以果汁机搅打成泥，用汤匙喂食。

小贴士
　　西红柿含有丰富的维生素，口感酸甜，大多数宝宝很喜欢吃。

西葫芦泥

材料

　　西葫芦 40 克，水适量。

做法

❶ 西葫芦洗净，去瓤，切成丝。

❷ 锅中加水，烧开，放入西葫芦丝蒸熟。

❸ 用果汁机将西葫芦丝搅打成泥，倒入碗中，用汤匙喂食。

Q 何时开始让宝宝慢慢接受混合蔬菜？

当宝宝每一种单一食材都尝试过后，就可以混合食用。尽早让宝宝接受"一日五蔬果"的概念，每餐吃不同颜色的蔬菜。

Q 混合食物也包括不同类别的食材？

宝宝在尝试过蔬菜类和蛋白质类的食物后，就可以混合食用，增加食物的多样性。

三色蔬菜泥

材料

胡萝卜 20 克，圆白菜 30 克，西蓝花 1 朵（约 10 克）。

做法

❶ 将胡萝卜洗净，切丁；圆白菜洗净，切丝；西蓝花洗净，切碎。

❷ 将胡萝卜丁、圆白菜丝、西蓝花碎分别蒸熟。

❸ 将胡萝卜丁、圆白菜丝、西蓝花碎分别用破壁机搅打成泥状，倒入碗中，用汤匙喂食。

苋菜豆腐泥

材料

苋菜 40 克，嫩豆腐 1/3 盒（约 30 克），水适量。

做法

❶ 将苋菜洗净，切段；锅中加水，水开后烫熟苋菜，捞起沥干，用果汁机搅成泥状。

❷ 嫩豆腐用热开水烫过，和苋菜泥一起搅成泥状，用汤匙喂食。

苋菜虽然富含膳食纤维和多种营养成分，但宝宝一次不宜摄入过多。

 **水果类**

Q 葡萄柚汁不建议冷藏后喝?

橘柚类的果汁维生素 C 含量高,若事先榨好放入冰箱冷藏,会影响维生素 C 的含量,建议现榨现喝。

Q 易过敏的宝宝不建议吃猕猴桃?

猕猴桃营养丰富,富含维生素 C 和膳食纤维,但若宝宝易过敏,最好 1 岁以后再尝试,若家族或父母有人确定对猕猴桃过敏,须避开。

Q 番石榴最好连籽一起搅打?

番石榴的肉富含维生素 C,但因为含籽,给宝宝食用时,一定要用果汁机打匀到没有颗粒。若家里的果汁机电机没那么强劲,建议还是先去籽,等宝宝会咀嚼后再食用。

橙汁

材料

橙子 1 个,凉开水适量。

做法

将橙子去皮,切块,用果汁机榨成汁,以 1:1 的比例兑凉开水,再取 30 毫升,用汤匙喂食。

葡萄柚汁

材料

葡萄柚半个,凉开水适量。

做法

葡萄柚去皮,取果肉,用果汁机榨成汁,以 1:1 的比例兑凉开水,再取 30 毫升,用汤匙喂食。

狝猴桃泥

1人份

材料

狝猴桃半个，凉开水适量。

做法

狝猴桃洗净，削皮，切块，压成泥，以1:1的比例兑凉开水，用汤匙喂食。

小贴士

狝猴桃富含的维生素C，可强化免疫系统，促进伤口愈合和对铁质的吸收。

番石榴汁

1人份

材料

番石榴1/6个。

做法

番石榴洗净，切块，用果汁机搅打成汁，用汤匙喂食。

小贴士

番石榴所含的糖分低、热量低、脂肪少，且蛋白质、维生素及矿物质含量丰富，适合宝宝食用。

莲雾汁

1人份

材料

莲雾1个。

做法

莲雾洗净，去皮，切小块，用果汁机打成汁，用汤匙喂食。

小贴士

洗莲雾的时候，一定要注意莲雾底部容易藏有脏东西，要用水将其冲洗干净，略微在盐水中泡上一会儿后再用会更好。

 **肉类**

Q 喂宝宝肉泥先从哪种肉开始？

宝宝开始尝试优质蛋白质时，可以先从鸡肉或猪肉开始喂食，因这种肉不容易过敏。

Q 辅食中的铁质可否从牛肉中获得？

这个时候的宝宝每日需要 10 毫克铁质，每 100 克牛肉所含铁质大约有 2 毫克，是辅食中很好的铁质来源。

鸡肉泥

 1 人份

材料

鸡胸肉 30 克。

做法

鸡胸肉洗净，切碎，蒸熟后用破壁机搅打成糊状，再用汤匙喂食。

小贴士

鸡肉易被沙门氏菌污染，应充分洗涤，切过鸡肉的刀和砧板也要洗净再用。

猪肉泥

 1 人份

材料

猪里脊肉 30 克。

做法

猪里脊肉洗净，切块，绞碎，蒸熟后压成泥，用汤匙喂食。

小贴士

刚开始时，肉泥要做得碎一些，尽量做成茸状，待宝宝适应后，可以将肉泥加入婴儿配方米粉中混合喂食。

牛肉燕麦粥

材料

牛肉末 30 克，燕麦 20 克，水适量。

做法

❶ 燕麦洗净，放入锅中，加水，大火煮开后转小火，继续煮 15 分钟。

❷ 将牛肉末放入锅中，大火煮至牛肉熟透。

❸ 将煮好的粥放入破壁机搅打成糊状，用汤匙喂食。

小贴士

牛肉可增强宝宝免疫力，燕麦含有丰富膳食纤维，可促进胃肠蠕动，它们都是很好的保健食品。

猪肝泥

材料

猪肝 30 克。

做法

❶ 将猪肝洗净，去筋，放入水中泡半小时，切成丁。

❷ 锅中加水烧开，放入猪肝丁，煮熟后捞出，压成泥，用汤匙喂食。

小贴士

猪肝含铁量丰富，铁是产生红细胞必需的元素，适量食用可预防贫血，使宝宝皮肤红润，促进宝宝健康成长。

Q 哪种动物的肝脏最适合宝宝食用？

鸡肝和猪肝含有同样丰富的营养成分，其中猪肝中维生素 A 的含量大于鸡肝。鸡肝和猪肝可提供丰富的铁质、维生素 A 及胆固醇，所以最适合宝宝食用。

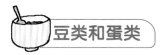 豆类和蛋类

Q 给宝宝吃的豆腐，要用嫩豆腐？

4～6个月宝宝的肠胃发育还不健全，嫩豆腐较传统豆腐不易造成胀气。此外，一开始就喂生豆腐，怕宝宝肠胃无法接受，因此嫩豆腐应以热水烫过再喂食会比较安心。

Q 宝宝为什么需要吃毛豆？

毛豆如同黄豆，都是优质蛋白质的来源之一。

Q 清浆才是适合宝宝喝的豆浆？

给宝宝喝豆浆无关好不好喝，重点在于让宝宝尝试不同食材的味道，因此，豆浆不需要加糖。

Q 宝宝什么时候可以开始吃蛋白？

蛋黄富含铁质、卵磷脂、维生素 A、维生素 B_2、维生素 E，是非常好的优质蛋白质食物。蛋白的蛋白质较易引起过敏反应，以前认为，宝宝要1岁以后才可食用，但现代医学认为，只要父母本身和家族成员没有人对蛋白过敏，7～9个月已吃过蛋黄或其他蛋白质食物的宝宝，就可以尝试喂食蛋白。

豆腐泥

 1 人份

材料

盒装嫩豆腐约 1/3 盒（30 克）。

做法

嫩豆腐用热水烫过，压成泥状，用汤匙喂食。

> **小贴士**
> 豆腐的蛋白质含量丰富且质量优良，它还含有较丰富的脂肪、碳水化合物、维生素及多种矿物质，易消化吸收，可促进宝宝的生长发育。

毛豆泥

1
人份

材料

毛豆 30 克。

做法

毛豆洗净，蒸熟后剥壳，压成泥状，用汤匙喂食。

小贴士

毛豆中的卵磷脂是大脑发育不可缺少的营养成分之一，有助于改善宝宝的记忆力和智力水平。

原味豆浆

1
人份

材料

黄豆 20 克，水适量。

做法

黄豆洗净，泡水至少 4 小时后取出，加入 10 倍量的水，放入破壁机打碎，用布滤出豆浆，煮沸后放凉，用汤匙喂食。

小贴士

生黄豆含有消化酶抑制剂及过敏因子等，食后最易引起恶心、呕吐、腹泻等症，故必须彻底将豆浆煮熟后才能食用。

Baby New Born

蛋黄泥

1
人份

材料

蛋黄 1 个，温开水适量。

做法

将鸡蛋煮熟，取出蛋黄压碎，加入少许温开水，搅匀后用汤匙喂食。

小贴士

蛋黄是中国妈妈制作宝宝辅食的常用食材，它营养丰富，可以给宝宝补充蛋白质、铁、不饱和脂肪酸等。

 鱼类

Q 哪种鱼类最适合做辅食?

给宝宝吃的鱼,最好选择新鲜、刺少、肉质细嫩的种类。此外,烹调时一定要小心剔除鱼刺或鳞片,并且剁碎以方便宝宝进食。适合的鱼种和烹调方式如下。

● **鳕鱼、鲈鱼:** 最佳的鱼类辅食之一。

● **三文鱼:** 肉质较粗,适合捣成泥后喂食。

● **鲳鱼:** 腹部鲜嫩无刺,较适合宝宝食用。

● **红目鲢:** 鱼刺较多,要清除干净。

● **旗鱼:** 适合捣成泥。

Q 鱼肉和粥一起煮能增加食物多元性?

刚开始喂食时,可以先喂鱼汤,适应后加入米粥一起煮,之后再将鱼肉煮熟压成泥,加在粥或面食中,用汤匙喂食。

鲈鱼泥

材料

鲈鱼 30 克。

做法

将鲈鱼洗净,蒸熟,刮下鱼肉,挑出鱼刺,压成泥状,用汤匙喂食。

鲷鱼粥

材料

鲷鱼 30 克,大米 40 克,水适量。

做法

❶ 将大米洗净,加水煮成粥。

❷ 将鲷鱼洗净,挑出鱼刺,压成泥,放入粥中,煮熟即可盛出,以汤匙喂食。

父母早教有方，宝宝聪明健康

第7个月宝宝的早教

7个月大的宝宝有着强烈的好奇心，对于任何事物都想要探索，这时，爸爸妈妈要鼓励宝宝去学习、认知新事物，这有助于发展宝宝的语言能力、记忆力及身体的各项功能。

⭕ 益智亲子游戏

这个月依然要训练宝宝的语言能力，同时还要锻炼宝宝的思维能力。

寻物游戏：增强宝宝记忆力

积极地记忆能够促进宝宝大脑的发育，因此，在宝宝很小的时候，妈妈就要注意训练宝宝的记忆力。妈妈可以常和宝宝做寻物游戏，以此锻炼宝宝的记忆力和解决问题的能力。

❶ 将一件小玩具放在桌子上。

❷ 将玩具递给宝宝，让宝宝先玩一小会儿。

❸ 拿回玩具放在桌上，用手帕盖住玩具的一半，看宝宝是否会去拿玩具。

❹ 宝宝找了一会儿，妈妈就可以拿掉手帕；宝宝发现玩具，就会十分高兴。

叫名字回头：锻炼宝宝的视听综合能力

当宝宝俯卧用手撑起上身时，妈妈可试着在他的背后叫他的名字，让他回头找人。一旦他回头，把他抱起亲亲，并夸他真棒。

这个游戏可以锻炼宝宝的视听综合能力，发展宝宝的注意力和观察力，引起宝宝的好奇心，增强宝宝听觉的分辨能力。

◆宝宝曦雅：瞧，曦雅正和妈妈做"叫名字回头"的游戏呢！

第8个月宝宝的早教

最近晶晶老喜欢歪着头，这是跟谁学的呢？妈妈百思不得其解。一次，妈妈抱着晶晶坐在床上玩，忽然，晶晶又对着墙壁歪脑袋。妈妈看见墙上挂着的宝宝画，才恍然大悟：原来小丫头在模仿画中宝宝的动作呢。这一时期的小宝宝具有很强的模仿能力，爸爸妈妈应该抓住宝宝的这一特点，积极地对宝宝开展早教。

○ 益智亲子游戏

宝宝都很喜欢玩水，晶晶也不例外。每次洗澡，晶晶都喜欢拍水，看到水花四溅，晶晶就会特别开心。没错，对宝宝来说，生活中的任何事情都可能变成好玩又益智的游戏。在这个月，爸爸妈妈还可以多和宝宝做以下益智游戏，有助于宝宝的智力开发。

捏响球：发展宝宝的创造性思维能力

爸爸妈妈可以和宝宝一起做捏响球的游戏。首先要准备好各种可以发出响声的球，接下来就可以开始游戏了。

（1）妈妈把藏在背后的玩具捏响，问宝宝："咦！是哪里发出来的声音呢？"然后再捏响，吸引宝宝。

（2）妈妈向宝宝出示玩具，问宝宝："哦，原来是漂亮的小球呀。宝宝，你想不想让小球也发出好听的声音呢？"

（3）妈妈把球放在宝宝的手里，然后抓住宝宝的手，和他一起捏，使球发出声音。

◆宝宝曦雅：经过一段时间的练习，曦雅现在已经可以捏响手中的玩具啦。

（4）宝宝熟练掌握后，妈妈可以引导宝宝有节奏地捏响球。

这个游戏可以训练宝宝的手眼协调能力，并发展宝宝的创造性思维能力。

音乐教育：发展宝宝的音乐能力

8个月是宝宝听觉发展的良好时期，爸爸妈妈在这一阶段对宝宝进行音乐教育，能使宝宝的音乐潜能得到较好的发展。

爸爸妈妈可以经常给宝宝唱儿歌或播放一些节奏感强、优美欢快的歌曲。在唱歌的时候，注意有节奏地摆动宝宝的上肢、下肢。在游戏、进餐和睡眠时间播放不同的音乐，长期下来，不仅可以使宝宝的音乐潜能得到发展，还可以用音乐来影响宝宝的日常生活。如午睡或晚上睡觉前，当宝宝听到睡眠时间给自己播放的音乐时，就更容易入睡。在播放音乐的过程中，爸爸妈妈要注意留心宝宝的反应，以免给宝宝造成过度刺激；爸爸妈妈还可以和宝宝做一些小游戏，如将宝宝抱在怀里，随着音乐的节奏翩翩起舞，有助于加深和宝宝的感情。

饼干搬新家：让宝宝感受数字

妈妈可以和宝宝一起做"饼干搬新家"的游戏。在做游戏之前，首先要准备一盒手指饼干、两个小碗，妈妈还要将自己和宝宝的手都洗干净。

这个游戏的目的是让宝宝感受数量和物品之间的逻辑关系，并有助于发展宝宝的动作连贯性和协调转换能力，促进宝宝动作思维的萌芽。

❶ 妈妈把多根手指饼干放入一个小碗中。

❷ 妈妈用食指和拇指拿起一根手指饼干，放入另外一个小碗中。

❸ 妈妈引导宝宝使用相同的方法，将饼干一根一根地放入另一个小碗中。每当宝宝拿起一根手指饼干的时候，妈妈都要在一旁数数："1, 2, 3……"

被动操：爬行训练的加强版

能够在地面上自由爬行，是宝宝大动作发展的一个重要里程碑。研究证明，经过爬行这个中间环节的宝宝比不经过爬行就直接直立行走的宝宝心脏发育得更好；和同龄不会爬行的宝宝相比，会爬的宝宝智力发育更好。

之前，宝宝的活动范围比较有限，但当他可以自由爬行时，他的活动范围就大大扩展了。在爬行的过程中，宝宝也变得"见多识广"，他的情感、意志、兴趣等高级心理活动变得更加丰富起来。

第9个月宝宝的早教

宝宝出生的第一年是大脑发育的关键时期，而大脑中的神经细胞靠突触传递信息。宝宝接受到的刺激直接影响突触的形成，反复的刺激加强了它们并使之变得持久；反之，这些刚形成的神经细胞会因为没有刺激而逐渐消失。宝宝这一时期的经历和体验，对于大脑整个系统的完善起着至关重要的作用。爸爸妈妈要抓住机会，积极地和宝宝做一些亲子互动游戏，以有效刺激宝宝的神经细胞突触。

益智亲子游戏

针对 9 个月大的宝宝，应尽量让他多运动、多看图、多听大人说话、多与其他宝宝进行交流……宝宝在与外界的互动中能增加记忆力和反应能力，还可以通过照镜子、模仿等途径强化自我意识。这个时期的宝宝已经可以理解躲猫猫的游戏规则了，他知道藏起来的东西可以找出来，如可以拿开盖布、盒盖、碗、枕头、被子等将藏着的东西找出来，所以可用不同的方法和他做游戏，使他积累一些经验，这些经验对他以后解决问题会有很大的帮助。

找玩具：开发宝宝智力

妈妈背对着宝宝躺好，将事先准备好的小玩具放在自己胸前这一边。妈妈的身体就像一座山似的挡住了玩具，让宝宝看不到；然后妈妈回过头对宝宝说："到这边来，妈妈给你好东西哦。"吸引他爬过妈妈的身体。

宝宝听到妈妈的呼唤很好奇，会迫不及待地想知道妈妈身体的另一边有什么东西。妈妈见到宝宝爬过来，要小心看护，不要让宝宝受伤。当宝宝爬过妈妈的身体时，妈妈要将玩具给宝宝玩一会儿，并夸奖宝宝"你真棒"。过一段时间，再开始游戏。宝宝因为有了上次的经验，这次会更加兴致勃勃。

这个游戏能引起宝宝的好奇心，有助于宝宝智力的开发。

◆宝宝曦雅：曦雅成功地爬过妈妈的身体，拿到了玩具，为此，她得到了妈妈一个奖励的吻。

◆宝宝耕宇：耕宇很喜欢和妈妈玩滚球游戏，瞧他玩得多开心啊。

◆宝宝耕宇：通过一段时间的训练，耕宇现在已学会翻书啦！瞧，他看得多认真啊。

滚球：提高宝宝的社交能力

当宝宝能够稳稳地独坐后，可以进行互动球类游戏。

妈妈和宝宝面对面坐着，中间保持1米的距离，爸爸可以坐在宝宝的后面，协助宝宝滚球、接球。在接球和滚球的过程中，要告诉宝宝："接到球了，宝宝把球滚到那边去。"有的宝宝拿着球不愿意滚，妈妈要耐心启发，让球在宝宝和自己中间不停地滚动起来，让宝宝学会用手腕去推动球。

这个游戏能发展宝宝的空间感觉和手眼配合能力，还能促进宝宝和他人之间的交往，为其今后的社交能力发展奠定基础。

宝宝看书：锻炼手指、手腕的灵活性

选择画面简单、色彩鲜艳的宝宝读物，最好是立体、有触摸面的。妈妈和宝宝坐在一起看书，告诉宝宝如何去翻书，一边翻一边给宝宝介绍书的内容，培养宝宝对书的兴趣。妈妈发现宝宝有兴趣时，可以把书给宝宝，让其自己去翻。此时的宝宝还不会一页一页地翻，妈妈应指导他用双手去翻动，有触摸面的可以让宝宝用手指去触摸，并告诉宝宝这是什么样的感受（毛毛的、光滑的、粗糙的、凉凉的……）。

宝宝喜欢色彩鲜艳的东西，妈妈把书拿给宝宝看，宝宝会紧盯着书中的色彩。妈妈可以告诉宝宝这是什么东西、是什么颜色，然后帮助宝宝一页一页地翻书。

宝宝会把妈妈翻过的书页翻回来，他会看到刚刚看过的东西还在那里，这会引起宝宝的好奇心，然后妈妈可以把一页翻过来再翻过去，让宝宝理解书里的内容是不会因为翻页而改变的。

翻书游戏可以锻炼宝宝手指、手腕的灵活性。同时，在宝宝翻书时，妈妈应适当地用语言培养宝宝对书的兴趣。

爱学习的好宝宝：训练宝宝的模仿能力

模仿是宝宝学习的一种特殊形式。宝宝通过观察、模仿成人的语言、动作等，可以学习到一些规则，然后内化于自己的行为中。

（1）妈妈把宝宝抱在怀中，说："小脑袋摇一摇。"说得同时做摇头的动作，鼓励宝宝模仿妈妈的动作。

（2）妈妈说："小眼睛眨一眨。"同时做眨眼睛的动作，鼓励宝宝模仿。

（3）妈妈说："小舌头伸一伸。"说的同时做伸舌头的动作，并告诉宝宝："宝宝学习妈妈，把小舌头伸出来，小舌头缩回去。"鼓励宝宝模仿妈妈的动作。

这个游戏可以训练宝宝的模仿能力。

◆宝宝曦雅：看到妈妈伸舌头，曦雅也做出了伸舌头的动作，真是可爱极了。

10~12 个月　宝宝吃辅食

喂辅食要注意哪些事？

Q ## 宝宝爱喝果汁可以吗？

　　一个水果只能榨出约 60 毫升的果汁，现榨 1 杯 200 毫升的果汁，可能要用 3 个以上的水果，如果经常喝果汁，宝宝一天可能摄入过多糖分。市售罐装果汁，通常非百分之百原汁或浓缩果汁的还原汁，可能添加过多糖分或其他不适合宝宝的物质，不宜给宝宝饮用。

　　若以果汁代替水喂食宝宝，会降低宝宝吃辅食的食欲，容易导致营养不良及贫血，宝宝也会相对失去摄取其他营养成分的机会，对牙齿的牙釉质也没益处，可能形成蛀牙，特别是以奶瓶喂食的情形最常见。还有研究指出，每天若摄取360 毫升以上的果汁，可能导致宝宝身材矮小及肥胖。这些负面效果是父母在买果汁给宝宝喝时，应该考虑的重点。

Q ## 宝宝不爱喝水怎么办？

　　在宝宝满 4 个月前，其实是不需要补充水分的，但到了辅食阶段，就应该让他养成喝水的好习惯。

　　除了可以在宝宝喝完奶或吃完辅食后，给予一点水分让他漱漱口，平常也可少量喂水。**如果宝宝不愿意喝水，可以让他稍微活动一下，消耗些水分，口渴了自然就想喝水。**当然，父母要以身作则喝水，让宝宝有学习模仿的对象，知道渴了就应该喝水，这才是根本解决之道。

 市售果汁多半是含糖饮料

　　市售果汁的成分以水为主，严格来说属于糖类食物，在国内的食品法规中，真正可以称作果汁者，必须为百分之百纯果汁，若含有其他成分，就是所谓的含糖饮料。

　　市售果汁的果汁含量10%~99%都有，成分有甜化剂、调味剂及些许维生素等。购买前，最好先看清食品标识中的营养成分，同时也不建议让宝宝过早接触市售果汁。

Q 宝宝挑食怎么办?

当宝宝开始吃辅食后,也会跟成人一样,可能出现对某些食物的偏好,或不喜欢某些食物的口味。父母多半会担心宝宝的饮食是否均衡,尤其开始吃辅食后,奶量可能会减少。

解决的方法是尊重宝宝对食物的喜好,但同时要在每餐中都能让他尝试不同种类的食物,即使只吃一点点也无妨。如果宝宝拒绝某种食物,也不要立刻停止喂食而改换其他食物,可以过一阵子后重新喂食,通常宝宝就能顺利进食。

Q 1岁以下的宝宝,为什么不能喝蜂蜜水?

由于蜂蜜没有经过消毒杀菌的过程,且其含有肉毒杆菌孢子,**1岁以下宝宝的免疫及胃肠功能都尚未发育完全,如不慎食用而受到感染,可能造成神经肌肉麻痹,**严重者甚至会影响呼吸,导致死亡,因此不建议食用。

Q 宝宝可以喝乳酸菌饮料吗?

宝宝大约从 4 个月开始,体内分解食物的酶才会逐渐成熟,**至少要等到 1 岁以后,才会完全接近成人的功能。由于乳酸菌饮料(养乐多等)的糖分过高,因此不适合太年幼的宝宝食用。**如果希望宝宝能摄取乳酸菌,可以询问儿科医师,并在医师建议下服用较佳。

Q 宝宝什么时候可以喝酸奶?

益生菌能平衡肠道内的菌群,适度调节体内免疫机制。酸奶中的益生菌多为乳酸杆菌、比菲德氏菌等,**建议最好等到 1 岁以后,再开始让宝宝少量接触原味酸奶。**

Q 圆滚滚的宝宝怎么吃辅食?

圆滚滚的宝宝看起来健康,其实可能暗藏健康危机!**如果宝宝的身高、体重等都超过了发育指标的参考值,开始喂食辅食时,更应以健康为导向,**建议以苹果泥、橙子泥等高膳食纤维的食材为主。此外,也要让宝宝多喝水,但切记不要养成喂食葡萄糖水等高热量食物的习惯。

等宝宝 7 ~ 8 个月时,可选择有饱腹感的食材当作主食,不要因为担心宝宝过胖而少吃 1 餐,毕竟基本的营养还是必须保障的。更不要天真地让宝宝从小减肥,许多专家都建议,宝宝 5 岁以前,正是成长的黄金时期,不宜过度减肥或节食,以免成长受限。

Q 宝宝不能吃哪些重口味食物？

某些具有特殊气味的食材，如大蒜、洋葱等，烹煮时虽然没有添加任何调味料，但其**本身就有比较重的气味，对宝宝来说，这种食物就算是重口味食物。**

此外，还有一些为了强化口味的调味料，如盐、酱油、糖等，或是增加口感的甜辣酱、西红柿酱、辣椒、沙茶酱等，也是另一种重口味食物。当然，一些加工食品更不用说，由于宝宝的味蕾尚未发育完成，感受性比成人强，有时对我们来说只是稍稍有味道，但对宝宝来说，就是重口味食物了。

Q 宝宝口味重该怎么调整呢？

宝宝喜欢吃重口味食物的原因，通常是在开始吃辅食后没有注意所添加的食品调味料，因而造成宝宝挑食，只愿意吃有味道的食物。所以**一开始就要注意，宝宝的辅食中不要添加任何调味料。**

当然，宝宝有时也会因为随着年龄增长，吃了大人的食物后，受到父母口味的影响，逐渐形成重口味。

如果发现宝宝嗜吃重口味食物，应该慎选辅食，先搞清楚哪些食材、调味料是宝宝不能吃的，养成正确的饮食习惯。

此外，**也要循序渐进，逐渐减少调味料的用量，让宝宝慢慢适应，**或者在喂食辅食前，先让他喝点水，让宝宝口腔里没有其他气味后再吃新的食物。

喜欢吃甜食的宝宝，对健康的影响也很大，如会造成蛀牙，再加上含糖类食物的热量高，会给宝宝带来过多的热量，造成肥胖问题。若宝宝爱吃甜食，也会只吃甜食而不吃正餐，导致营养不均衡。

 重口味食物对宝宝的影响

从小就吃重口味食物，不用说，长大后口味当然会越吃越重，调味料的用量也会逐渐增加。调味料中的钠、糖分若过多，除了可能使血压升高，或者增加糖尿病的发生概率，对肾脏更是一大负担。

Q 宝宝厌奶怎么办？可否半夜偷偷灌奶？

宝宝过了 6 个月后，体重增加的速度会减缓，此阶段开始逐渐冒乳牙，由于宝宝长牙时牙龈容易不舒服，加上开始吃辅食，所以食欲会比较差。

其实，这个时期的厌奶是正常的生理现象，如果父母一定要求定时定量，容易搞得双方都不愉快。如果宝宝只是吃得少了一些，但身高、体重、活动力等一切正常，就应该尊重他的需求来喂食。

有些妈妈为了让宝宝多吃一点，会在宝宝睡觉时，偷偷地猛灌奶水，这种方法实在不明智，被糊里糊涂地灌饱的孩子，会对吃更加没有兴趣，恶性循环下去，会让妈妈更伤脑筋，宝宝也容易因为睡前喝奶却不清洁口腔的坏习惯导致奶瓶性龋齿。

有些家长因宝宝严重厌奶，会在宝宝睡觉时灌奶，需注意最后要以清水清洗口腔，避免龋齿。若宝宝已满 4 个月，又厌奶，可开始尝试添加辅食。

Q 宝宝不喜欢吃固体食物怎么办？

有些父母喂食辅食时，并没有遵照宝宝原有的发育阶段依序喂食，可能很晚才接触辅食，且刚接触就喂固体食物，没有循序渐进地让宝宝有练习的机会，因此容易喂食失败。

通常只要在宝宝 2 岁以前能完全接受固体食物都算正常，至于应该何时转换，则需视宝宝的月龄和发育情况而定。简单的观察点为，当宝宝能够坐着或吸吮反射消失后，就可以逐渐尝试喂食固体食物。

Q 快满周岁了，但宝宝只想喝奶不喜欢吃辅食怎么办？

如果是因为奶量没有减少而吃不下辅食，这是理所当然的，这时父母可以想想是不是哪里出了问题，再针对问题一一解决。

●宝宝的生活作息规律正常吗？用餐时间是否太长？睡眠时间是否过长？

●辅食是否一成不变？

●辅食口味是否过重、过咸、过辣？

●辅食的软硬度是否适中？宝宝咀嚼是否太吃力？

●是否强迫宝宝吃他不喜欢的食物？

●吃辅食前，是否喂食过多果汁或牛奶？

只要花点心思，在宝宝肚子饿时就喂他容易进食的辅食，这样就能逐渐减少喝奶量了。

Q 如何增进宝宝正餐的食欲?

吃正餐前不给宝宝吃零食、点心。通常宝宝会在两餐中间肚子饿而想吃零食，这时只有狠下心，坚守不在正餐前给他零食的原则，就能增进宝宝正餐的食欲。

或者，当宝宝饿的时候，就给他吃辅食，不要拘泥于原本的饮食时间，稍稍调整进食时间，之后再慢慢调回正常时间。

Q 宝宝吃饭不专心怎么办?

宝宝在吃辅食后期(10 ~ 12 个月)，因为好动，容易出现吃饭不专心的现象，只要旁边有吸引他注意力的东西，就会忘了吃饭。因此宝宝吃饭时最好营造吃饭的气氛，且拿走会令他分心的物品。

可准备宝宝专用的餐桌椅，只要还没吃完饭，就不要让他离开，这样才能养成专心吃饭的好习惯，这个习惯应该自开始吃辅食后就开始养成。

如果宝宝真的不愿意专心吃饭，不妨稍后再喂食，等他真正饿了，再要求他乖乖坐着吃饭，也能逐渐培养他对吃饭的兴趣和专心度。

Q 宝宝的用餐时间大概多久?

一般来说，宝宝的用餐时间控制在 30 分钟左右即可，但也不是过了 30 分钟后，就必须机械式地将所有东西都收拾妥当，如果宝宝还想吃，可以继续喂食，但若宝宝出现分心、爱玩的情形，就应该尽早结束用餐。

有些长辈会在宝宝玩的时候，追在后面把食物送到孩子嘴里，这种方法会让孩子长大后更不愿意乖乖地坐在椅子上进食。

Q 宝宝喜欢吃辅食，可以早点改成一日三餐都吃辅食吗?

有些宝宝在开始喂食辅食后就爱上了辅食，喝奶量骤减，这时就不用强迫他一定要喝足 1 天的奶量。**若宝宝不爱喝奶，又刚好喜欢吃辅食，不妨让他每天吃三餐**，与其凡事都依计划行事，不如配合孩子的成长步调，随机应变来得好。

Q 如何得知宝宝的营养是否足够?

想知道宝宝营养是否足够,除了可以对照同年龄、同性别的宝宝身体发育指标,也可以试试下列方法,观察宝宝的体格发育情况。

● 宝宝每天是否精神奕奕,不哭闹、睡得好等。

● 宝宝是否脸色红润、头发黑密有光泽、皮肤细致不粗糙等。

● 宝宝身上的肌肉是否结实不松软。

Q 两餐之间,需要喂宝宝吃点心吗?

开始喂食辅食后,基本上是不需要额外添加点心的。不过,有时会因为到了后期,一日三餐可能仍未达到宝宝发育所需营养的基本量,此时,不妨给他一些小点心填补不足。

父母可以在两餐之间(早上 10 点到下午 3 点)喂一次小点心,但选择食物的重点应该放在其他餐无法取得的营养上,尤其是蔬菜、水果等,量也不需要多,以免影响正餐的用餐量。水果泥是不错的选择,要特别注意的是,别让用餐时间拖得太长,以免让宝宝吃不下正餐。

Q 宝宝出现哪些异常现象要小心?

只要观察到宝宝有任何异于平常的现象,都应该立即找儿科医师诊治,好让宝宝及早恢复健康。

父母应该随时观察宝宝的健康状况,一旦出现警示就要特别小心!可观察的健康警示包括:发热、体温不稳定(反复发热)、反复性呕吐、胆汁性呕吐、面色苍白或嘴唇发紫、目光呆滞或眼睛上吊、活动力持续不佳、囟门异常凸起或凹陷、呼吸急促且有胸凹的现象、烦躁不安、哭闹不停、抽筋等。

Q 宝宝吃药后不能喝葡萄柚汁?

许多医师都建议,宝宝服用药物后,不可同时摄取葡萄柚汁。这是因为**葡萄柚汁中的特殊成分会影响肝脏中酶的活性,**导致某些药物的代谢受到影响,这些药物包括蠕动促进剂、钙拮抗剂及环孢剂等。

Q 如何预防宝宝噎到?

- 宝宝吃东西的时候,大人要随时在身旁照顾,不要让他边吃边玩。
- 不要让宝宝拿到刚好能吞咽的小东西,如扣子、别针、硬币、珠宝耳环等。
- 不要让太小的宝宝吃过大、过硬的食物,如花生、坚果、糖果、玉米粒等。

Q 微波炉加热辅食,会破坏食物中的营养成分吗?

事实上,**利用微波炉加热辅食,并不会破坏食物中的营养成分**,因为微波炉是利用微波穿透食物,让水分子产生震动,通过摩擦而产生热能,这也就是用微波炉加热食物时最好要搅拌的原因,**微波会直接照射到食物又反弹到炉中,因此容易出现受热不均匀的现象。**

此外,要特别注意的是,使用微波炉加热食物,务必选择正确的器皿来加热,且不要盖上盖子,也不要过度加热,在给宝宝吃之前,应该先试一下温度。

Q 自制冷冻辅食,营养成分会流失吗?

由于宝宝刚开始吃辅食时,分量都非常少,有时1次制作1周的分量较方便,但也有许多妈妈担心自制的冷冻辅食会让营养成分逐渐流失,真的是这样吗?

其实,**只要食物保存得当,就可以保有食物的鲜度和营养**,重点在于要将**每种单项食物分开制作保存**,建议妈妈可以用制冰盒将辅食做成一小格、一小格的冰块,取出移入可密封的保鲜盒中冰存起来。每次只要拿一小块出来加热解冻,就可以不用担心营养成分会因冷冻而流失,也很方便取用。现在有卖小盒装的食物保存盒,更利于辅食的分装。

10～12个月宝宝的辅食

 **主食类**

Q 10～12个月的宝宝已经不喜欢吃泥状食物，该给他吃什么呢？

这个阶段的宝宝很适合吃半固体类食物，有不一样的口感且易于吞咽和咀嚼。

Q 宝宝长牙了，可以吃面条吗？

10～12个月的宝宝，应该上、下4颗牙齿都陆续长出来了，因此已经能用牙齿嚼碎食物了。对于面条类的食物，宝宝会慢慢咬断，但仍须煮软。此时，宝宝吃的食物已经不用像之前那样压成泥状或糊状，可以有一点形状，但要以用前面的牙齿、舌头和牙床就可压烂的食物为主。

Q 自制抹酱，为什么选择南瓜？

南瓜做成抹酱，简单又营养；南瓜富含许多对眼睛有益的营养成分，如 α-胡萝卜素、β-胡萝卜素、玉米黄素、叶黄素、维生素A，南瓜皮还富含膳食纤维，若有食物搅拌机，连皮一起打碎吃更好。

南瓜吐司

 1 人份

材料

吐司1/2片，带皮南瓜30克。

做法

将南瓜洗净，蒸熟，用破壁机搅打成泥，抹在吐司上当抹酱。

小贴士

南瓜含有蛋白质、胡萝卜素、锌、钙、磷等营养成分，具有保护视力的功效，已经添加辅食的宝宝应适量进食。

Q 山药的营养价值高，宝宝可生吃吗？

山药在营养学的六大分类上属于主食类，所含碳水化合物作为热量来源之一，是很健康的食材。山药味淡，可和不同的食物进行搭配。虽然山药可以生吃，但是宝宝的肠胃发育不完全，仍要煮熟后再食用。

Q 为什么宝宝需要植物性蛋白质？

植物性蛋白质的来源有黄豆、扁豆、四棱豆、毛豆、花豆、豌豆等，和动物性蛋白质相比，植物性蛋白质含有较多膳食纤维，对肠道健康有益，并含有异黄酮类、植醇等植物素，可提供人体所需营养成分，增加宝宝多元性食物来源。

Q 素食宝宝要如何摄取更完整的蛋白质？

素食宝宝要豆类加谷类一起吃，才能摄取完整的蛋白质。因豆类往往缺乏甲硫氨酸和色氨酸两种氨基酸，谷类缺乏离氨酸，两种食材一起煮，可以互补彼此不足的部分，让宝宝摄取更完整的蛋白质。

山药麦片糊

材料

山药 110 克，麦片 3 匙，热开水适量。

做法

山药去皮，洗净，切小丁，蒸熟至软；麦片泡开，将熟软的山药丁加入麦片，压成半泥糊状即可。

豆豆粥

材料

四棱豆 30 克（也可以添加不同种类的豆类一起煮），大米 30 克，水适量。

做法

将大米、四棱豆洗净，加适量水，用电锅煮熟即可。

红豆稀饭

材料

红豆 15 克,大米 30 克,水适量。

做法

将大米和红豆洗净,加适量水,用电锅煮熟即可。

> **小贴士**
> 现在很多电饭锅都有预约计时的功能,可以在前一天晚上将红豆和大米一起放入锅中,定好时间,早上起来就能吃到煮好的粥了。

Q 宝宝吃糙米会不会太硬?

宝宝吃的糙米可以用水泡久一点再煮饭,也可煮成粥食用,能增加宝宝对B族维生素和膳食纤维的摄取。

Q 胚芽米的膳食纤维含量比白米多?

虽然膳食纤维的含量以糙米居冠,其次是胚芽米,最后是大米,但以口感接受度来说,依序是大米、胚芽米,最后才是糙米。

Q 宝宝排斥苦瓜,要如何增加其接受度?

味觉较敏感的宝宝,对于苦瓜的苦味若排斥,可以添加不同的食材掩盖苦味,如甜甜的南瓜、红薯、胡萝卜等。

豆腐糙米粥

材料

嫩豆腐1/5块,糙米30克,菜豆1小根。

调味料

高汤适量。

做法

❶ 嫩豆腐用热水冲过,切小块,压成泥;菜豆洗净,切段;糙米洗净,泡水1小时。

❷ 取一汤锅,放入高汤、菜豆段、糙米,一起熬煮成粥,放上嫩豆腐泥即可。

干贝鸡肉粥

材料

胚芽米 40 克，小干贝 1 粒，鸡肉丝 30 克（鸡里脊肉较嫩），水适量。

调味料

米酒适量。

做法

❶ 小干贝洗净，先蘸一点米酒，泡水约 1 小时，入锅蒸约 30 分钟。

❷ 小干贝剥成丝；胚芽米洗净。

❸ 将胚芽米、小干贝丝、鸡肉丝、适量水均匀混合，放入电饭锅，熬煮成粥即可。

小贴士

鲜干贝提供天然的鲜味，不需要额外加调味料。煮粥最好用小火慢煮，一次加足水，中间不要再加水。

苦瓜南瓜粥

1
人份

材料

苦瓜 65 克，南瓜 100 克，大米 30 克，水适量。

做法

❶ 苦瓜洗净，去瓤，切小块；南瓜去皮，去瓤，洗净，切小块；大米洗净。

❷ 取汤锅，加入苦瓜块、南瓜块、大米、适量水，一起炖煮至软烂即可。

小贴士

苦瓜去苦小技巧：①苦瓜先用开水煮过，能够减轻苦味；②用小刀刮掉苦瓜里的白膜；③将切好的苦瓜放在冰水里浸泡。

Q 玉米太硬，宝宝可先改吃玉米酱吗？

宝宝咀嚼功能发展尚未完善时，可买罐装玉米酱代替玉米粒，或是将新鲜玉米粒磨碎。1岁后可以尝试吃一小段玉米，锻炼宝宝的握力和咀嚼力。

Q 胡萝卜为什么建议加油烹煮？

胡萝卜富含类胡萝卜素，如 α- 胡萝卜素、β- 胡萝卜素、叶黄素、β- 隐黄素、番茄红素，是很好的抗氧化营养成分。这些营养成分是脂溶性的，需和油脂一起烹煮，才能将营养成分带出来。

Q 感冒时的宝宝，可以吃什么有营养的食物呢？

猪肝、菠菜是营养丰富的食物，适合宝宝生病时食用，因为猪肝富含维生素 A，菠菜富含 β- 胡萝卜素，亦能转换成维生素 A。维生素 A 和上皮细胞的形成有密切关系，上皮细胞的功能就是阻挡病原菌侵入，可保护身体，很适合容易感冒和感冒长久不愈的宝宝食用。同时，猪肝含有优质蛋白质，可提升人体的免疫力。

鸡蓉玉米粥

1
人份

材料

大米30克，土豆40克，鸡肉丝15克，水适量。

调味料

盐适量，玉米酱15克。

做法

❶ 土豆洗净，去皮，切小丁；大米洗净。

❷ 将大米、土豆丁、适量水放入锅中，一起炖煮至熟烂。

❸ 加入鸡肉丝煮至熟透，最后加入玉米酱搅拌均匀即可。

> **小贴士**
> 发霉的玉米不可以吃，因为发霉的玉米含有致癌的黄曲霉素。

胡萝卜稀饭

材料

胡萝卜 15 克，大米 30 克，猪肉末 30 克，水适量。

调味料

橄榄油 2 毫升。

做法

❶ 胡萝卜洗净，去皮，切小丁；大米洗净。

❷ 热锅烧油，放入胡萝卜丁拌炒，再加入猪肉末一起炒至熟。

❸ 取一锅，放入大米、适量水一起熬煮成粥，装碗后放上做法 ❷ 的食材即可。

小贴士

胡萝卜含有丰富的胡萝卜素，进入人体后，可转变成维生素A，能保护眼睛和皮肤的健康。

翡翠猪肝粥

材料

菠菜 40 克，大米 40 克，猪肝 30 克，水适量。

做法

❶ 菠菜洗净，切段，入开水汆烫，捞起；猪肝煮熟，捞起。

❷ 将菠菜段放入破壁机中打成泥；猪肝压成泥糊状。

❸ 大米洗净，加适量水煮成粥，加入菠菜泥，最后放入猪肝泥即可。

小贴士

猪肝富含维生素A，菠菜富含的β-胡萝卜素也能转换成维生素A，维生素A可促进上皮组织的形成，而上皮组织可阻挡病原菌的侵入，可增强宝宝免疫力。

Q 宝宝缺乏维生素B₁，注意力会不集中吗？

宝宝缺乏维生素 B_1，会有注意力不集中和记忆力不佳的状况。糙米和猪肉都含有丰富的维生素 B_1，可以让宝宝吃猪肉南瓜糙米粥。

猪肉南瓜糙米粥

1人份

材料

猪肉末 30 克，糙米 40 克，南瓜 50 克，水适量。

做法

❶ 南瓜削皮，去瓤，洗净，切成小丁；糙米洗净，在水中泡 30 分钟。

❷ 锅中加水烧开，放入糙米，中火煮 30 分钟。

❸ 放入南瓜丁和猪肉末，煮至熟即可。

小贴士 可以将南瓜提前蒸好压成泥，最后再放入粥中搅拌均匀，这样粥会更加浓稠。

清蒸鳕鱼

1人份

材料

鳕鱼 1 片，姜 1 小块。

调味料

适量盐。

做法

❶ 鳕鱼洗净，蘸少许盐抹在鳕鱼表面；姜洗净，切丝。

❷ 把姜丝放在鳕鱼上，放入电锅中蒸熟即可。

小贴士 一餐中若其他食物已调味，就没有必要在鳕鱼上抹盐，避免增加钠的摄取量。

洋葱猪肉汤饭

材料

洋葱 1/6 个，米饭半碗，梅花肉片 2 片，胡萝卜 10 克。

调味料

油、日式酱油、高汤各少许。

做法

❶ 洋葱去皮，洗净，切粒；梅花肉片切小片；胡萝卜去皮，洗净，切细丝。

❷ 热锅加少许油，爆香洋葱粒、胡萝卜丝、梅花肉片。

❸ 加入米饭，倒入高汤，焖熟，起锅前加日式酱油调味即可。

洋葱有杀菌、促消化、增进食欲的功效，搭配猪肉，营养更丰富。但要注意，有皮肤瘙痒性疾病和眼疾的宝宝暂时不宜吃。

猪肉薯泥饼

材料

猪肉末 35 克，土豆半个（90 克），胡萝卜 10 克。

调味料

油少许。

做法

❶ 土豆洗净，削皮，蒸熟，压成泥状；胡萝卜洗净，削皮，切小丁，蒸熟。

❷ 将土豆泥、猪肉末、胡萝卜丁搅拌至呈黏稠状，做成饼形。

❸ 起油锅，放入猪肉薯泥饼，煎至表面金黄，再翻面煎至金黄即可。

小贴士

土豆中蛋白质的质量比大豆还好，最接近动物性蛋白质。土豆还含有丰富的膳食纤维，可促进胃肠蠕动，具有通便和降低胆固醇的作用。

Q 食用菠菜面，还要加其他蔬菜吗？

菠菜面中虽然含有菠菜，但不代表膳食纤维含量很高，所以烹调时还是要加点其他蔬菜，营养才均衡。

鲜蚵菠菜面

材料

菠菜面适量，牡蛎 3 个，圆白菜 2 片，水适量。

做法

❶ 锅中加水煮开，放入菠菜面、牡蛎煮熟，捞出；圆白菜洗净，切丝。

❷ 取锅加水烧开后，加入圆白菜丝，再加入菠菜面和牡蛎，水开即可。

菠菜含有丰富的铁元素，加入面条中，既有鲜绿的色彩，还有丰富的营养。

香菇芦笋面

材料

鲜香菇1朵，芦笋1根，胡萝卜1小块，干面条 10 根，水适量。

做法

❶ 鲜香菇、芦笋洗净，切丁；胡萝卜去皮，洗净，切丁。

❷ 取一汤锅，加水煮沸，放入做法 ❶ 食材及干面条煮熟即可。

小贴士
芦笋富含多种氨基酸、蛋白质和维生素，且富含微量元素，具有调节机体代谢、提高免疫力的功效。

 **配菜类**

Q 为什么上海青用油炒比水煮好?

上海青富含 β- 胡萝卜素，能转换成维生素 A，维生素 A 为脂溶性，要以油烹调才能带出其营养成分。维生素 A 能抑制皮肤角质化，改善干燥肤质。

Q 哪种汤是大多数宝宝都爱喝的?

罗宋汤的营养价值高，不需要添加调味料，味道就很浓郁，大多数宝宝都喜欢这个味道。

Q 宝宝可以吃肉块吗?

有些宝宝不喜欢吃质地太软的东西，喜欢有点嚼劲的食物。咀嚼能力强的宝宝，可以吃炖得很烂的小肉块，烂的程度以宝宝可以用舌头和牙床磨开为宜。

香菇炒上海青

材料

上海青 1 小把，香菇 35 克。

调味料

橄榄油 2 毫升。

做法

❶ 上海青洗净，切小段；香菇洗净，切块。

❷ 起油锅，放入香菇块，炒至半熟，再放上海青段翻炒，加水炖熟即可。

小贴士

香菇含有多种氨基酸，能增强免疫力；上海青富含膳食纤维，可清肠排毒。

罗宋汤

材料

牛肉末 40 克，西红柿 1/2 个，土豆 1/3 个，洋葱 1/6 个，胡萝卜 1/4 根，圆白菜 2 片，水适量。

做法

❶ 土豆去皮，洗净，切成小一点的滚刀块；洋葱去皮，洗净，切丁；圆白菜洗净，切丝；西红柿洗净，切小块；胡萝卜洗净，去皮，切丁。

❷ 汤锅加水煮开，放入所有食材，再转中小火熬煮至味道出来即可。

Q 为什么豆腐适合宝宝吃?

豆腐和肉都富含优质蛋白质，含有人体所需的各种氨基酸；豆腐没有胆固醇，并含有膳食纤维，是很好的植物性蛋白质来源，适合宝宝食用。

豆腐镶肉

材料

豆腐1块，猪肉10克。

调味料

酱油、淀粉各少许。

做法

❶ 猪肉洗净，用绞肉机至少绞3次，再以酱油腌一下。

❷ 取汤匙，从豆腐中间挖一小块，挖出的豆腐压成泥，与肉末搅拌均匀。

❸ 挖一小匙豆腐肉泥，并蘸一点淀粉，填回豆腐凹槽，用电锅蒸熟即可。

小贴士 肉末和豆腐泥拌匀后，可放进大碗中反复摔打至有黏性，吃起来才会更有弹性。

西红柿凉拌豆腐

材料

西红柿70克，嫩豆腐120克。

做法

❶ 嫩豆腐用热开水冲洗，切丁。

❷ 西红柿洗净，在表面划几刀，用热水烫过后剥去表皮，切小丁。

❸ 当宝宝要吃的时候，再将西红柿和嫩豆腐搅拌成泥喂食即可。

小贴士 豆腐中的大豆蛋白最符合人体的需要，搭配西红柿，营养更丰富，尤其适用于补钙，有益于宝宝大脑的健康发育。

Q 何时开始可以给宝宝添加调味料？

当宝宝吃的辅食量占 1 天中进食量的 2/3，或是吃奶量减少，辅食逐步增加时，就可以添加少许盐、酱油调味。本来宝宝所需的钠来自喝的奶，但当吃奶量变少，钠的摄取量就会不足，则需在饮食中添加一点钠。

Q 鸡肉所含的维生素B_6较其他肉类多？

鸡肉所含的维生素 B_6 相较于其他肉类来说是较高的。维生素 B_6 可促进蛋白质和脂质的代谢，并能保护皮肤。缺乏维生素 B_6 者易患脂溢性皮肤炎和口角炎，可吃点鸡肉补充维生素 B_6。

Q 鸡汤有什么营养价值？

鸡汤含有多种氨基酸。氨基酸是蛋白质分解后的小分子产物，目前研究发现，不同的氨基酸有不同的生理作用，和成长荷尔蒙、免疫等有关。但因为鸡皮煮出来的饱和性油脂过多，建议这个年龄的宝宝沥油后再食用，避免太油难以消化。

鸡肉丸

1 人份

材料

鸡肉末40克，胡萝卜8克，山药100克。

调味料

盐少许。

做法

❶ 山药、胡萝卜洗净，去皮，切小丁，入锅蒸熟。

❷ 将山药丁、胡萝卜丁和盐、鸡肉末搅拌均匀，捏成球状，蒸熟即可。

小贴士

鸡肉含有丰富的蛋白质、脂肪、碳水化合物、钙、磷、铁、钾及维生素A、B族维生素、维生素C等多种营养成分，对宝宝的生长发育大有益处。此道菜肴中的山药，也可以用土豆代替。

125

Q 哪种蔬菜是宝宝比较喜欢吃的?

一般而言,大白菜和圆白菜具有甜味,很多宝宝都爱吃。对不爱吃蔬菜的宝宝,可增加这两种蔬菜的食用频率。

Q 使用干贝可减少盐的用量?

干贝具有天然的鲜味,可以减少盐的用量,让宝宝从小养成口味清淡的饮食习惯。

烩白菜

材料

大白菜50克,金针菇70克,干贝1粒。

调味料

橄榄油2毫升,干贝高汤适量。

做法

❶ 干贝洗净,泡水,放入电锅蒸软,剥成丝;大白菜洗净,切条;金针菇洗净,切段。

❷ 取油锅,炒熟金针菇段、大白菜丝,最后加干贝高汤和干贝丝,焖煮至烂。

> **小贴士**
> 白菜是日常生活中很常见的一种蔬菜,虽然价格便宜,但是营养价值很高,含有丰富的膳食纤维和微量元素,其中含有的锌可以促进宝宝的生长发育。

烤鳗鱼

材料

鳗鱼150克。

做法

将鳗鱼放入烤箱,转150℃,烤10分钟即可。

> **小贴士**
> 在烹调鳗鱼前,要先将其表面的厚鱼皮去掉。去鳗鱼皮的方法:①将鳗鱼段放在沸水中汆烫1~2分钟,软化鱼皮后剥除;②稍微烤一下,待鱼皮起泡后即可撕下。鳗鱼细刺多,喂给宝宝前要小心剔除。

Q 使用味噌要再放盐吗？

味噌（也叫日式大豆酱）容易消化，但含盐量较高，因此烹调时用了味噌就不需要再放盐了。

Q 哪些鱼含有脑黄金（DHA）？

深海鱼和淡水鱼都含有 DHA，但深海鱼中的含量较高，如秋刀鱼、沙丁鱼、金枪鱼、鲣鱼、三文鱼、旗鱼、鳗鱼等。因人体无法自行合成 DHA，所以需要从食物中获得，若摄取量不足，可能会造成宝宝学习能力低下、神经传导不正常、生长发育迟缓等。

Q 鱼是很好的DHA来源，应让宝宝餐餐吃鱼？

现今汞污染严重，不建议餐餐吃深海鱼，仍需以均衡饮食为原则，以豆、鱼、肉、蛋等轮流作为优质蛋白质的摄取来源，并获得不同的营养。

❶ 不吃剑鱼、鲭鱼、方头鱼，因它们含有较高的汞。

❷ 选择含汞量较少的海鲜，如虾、贝、三文鱼、绿鳕、鲶鱼，1周最多食用168克。

味噌鱼

1人份

材料

旗鱼 40 克。

调味料

味噌少许。

做法

❶ 旗鱼洗净，均匀地抹上味噌，略腌渍。

❷ 热锅烧水，放上蒸笼，然后将旗鱼放入蒸笼，蒸熟即可。

小贴士

旗鱼刺少，富含人体必需的优质蛋白质和健脑益智的EPA、DHA，还含有丰富的钙、铁、镁及维生素D，肉质鲜美，可促进宝宝的生长发育。味噌自带鲜味，更容易激发宝宝的食欲。

Q 菇类属于蔬菜，能提供膳食纤维？

蔬菜的种类很多，凡含有膳食纤维、热量低的可食性植物，都可以说是蔬菜。除了绿叶蔬菜，各式菇类也属蔬菜类，是宝宝很好的膳食纤维来源。在菇类中，蘑菇适合 10 ~ 12 个月的宝宝食用，等宝宝的牙齿长齐，就可以尝试食用其他菇类。

Q 宝宝不爱吃饭，有什么方法可增加主食摄取量？

主食是宝宝主要的热量供应来源，品种多种多样。例如，莲藕亦属于主食类的食物，可和猪肉末一起食用，莲藕含有维生素 C，猪肉含有维生素 B_1，它们都是宝宝需要的营养成分，同时便于宝宝吞咽。

如果宝宝对吃饭兴致不高，可以通过变换食物的品种、花样，通过食物的色、香、味、形状等引发他的好奇心，从而使他对吃饭更感兴趣。此外，每次要准备几种食物供宝宝选择。宝宝有几顿吃得少或不吃，不必担心，只要保证他在几天甚至 1 周内吃到包括米饭或面食、鱼、肉或蛋、蔬菜和水果及奶制品等食物，就不用担心营养不足。

洋菇炖肉

1 人份

材料

洋菇 3 朵，腰内肉 30 克，水适量。

调味料

日式酱油少许。

做法

❶ 洋菇洗净，切薄片；腰内肉洗净，切块，搅成肉末。

❷ 将洋菇片和腰内肉末放入锅中，加适量水，一起炖煮至熟软，加日式酱油，略煮即可。

小贴士

洋菇含有维生素C、B族维生素和难得的锗元素，可调节生理机能，增强体力，还能帮助身体吸收钙质。猪肉含有丰富的动物性蛋白质、有机铁和促进铁吸收的半胱氨酸，能帮助宝宝补充铁质，预防缺铁性贫血。

莲藕蒸肉

1 人份

材料

　　莲藕 50 克，猪肉末 30 克。

调味料

　　姜末、酱油、盐各少许。

做法

　　❶ 莲藕洗净，去外皮，磨成泥状，以纱布轻拧将水过滤。

　　❷ 将莲藕泥、猪肉末、姜末、酱油、盐搅拌均匀。

　　❸ 放入电锅蒸熟即可。

小贴士

　　莲藕味甘，富含淀粉及钙、磷、铁等矿物质，且易于消化，适宜宝宝食用。

黄瓜镶肉

1 人份

材料

　　黄瓜 50 克，猪肉末 30 克。

调味料

　　姜末、葱末、盐各少许。

做法

　　❶ 黄瓜洗净，削去外皮，切小段，挖去中间的瓤。

　　❷ 将猪肉末、姜末、葱末、盐搅拌均匀，备用。

　　❸ 以汤匙挖出适量肉泥，塞进黄瓜段中间，放入蒸锅蒸熟即可。

小贴士

　　黄瓜也可以用苦瓜、白萝卜等代替。

 **点心类**

Q 宝宝什么时候可以开始喝综合果汁？

　　当宝宝尝试过不同水果且没有过敏后，就可以喝综合果汁。但要注意，果汁只是点心，分量不要太多，也不能当水喝，避免宝宝摄取过多糖分和热量，影响正餐食量。

Q 10 ~ 12个月的宝宝，最好以五谷根茎类为点心？

　　给宝宝提供的点心可以是绿豆、红薯、南瓜、薏米、吐司、馒头等，此时的配方奶或母乳还是会提供一定量的蛋白质，因此增加热量的需求可以五谷根茎类的食材为主。

Q 绿豆和薏米在营养学分类上属主食类？

　　两者都属于主食类，为复合型的碳水化合物，可提供热量、膳食纤维和B族维生素。

什锦果汁

材料

　　番石榴 1/6 个，苹果 1/4 个，菠萝 20克，香蕉 1/6 根。

做法

　　所有材料洗净，香蕉、苹果、菠萝去皮，苹果去核，所有食材切小块，以果汁机搅打成汁即可。

红薯奶

材料

　　红薯 80 克，母乳或冲泡好的配方奶 80毫升。

做法

　　红薯去皮，洗净，切小丁，以电锅蒸熟，再加入母乳或冲泡好的配方奶中即可。

Q 八宝粥虽然营养丰富，但一次的食用量不要太多？

八宝粥富含膳食纤维和 B 族维生素，但一次的食用量不建议太多，因糯米较不易消化，可将糯米替换成大米或糙米，当正餐主食食用。

Q 宝宝的点心怎么组合搭配比较好？

最好的点心组合方式是以复合性的碳水化合物加上水果，可提供热量、膳食纤维、B 族维生素、维生素 C、植物素等营养成分。

绿豆薏米汤

材料

绿豆、薏米各 10 克，水 300 毫升。

调味料

白糖 5 克。

做法

绿豆和薏米洗净，泡水 2 小时，加水、白糖煮烂即可。

> **小贴士**
> 绿豆和薏米都是比较硬的食材，通常需要泡一段时间再煮。

八宝粥

材料

大米 20 克，红豆 5 克，绿豆 5 克，干莲子 5 克，薏米 5 克，红枣 2 颗，黑枣 2 颗，桂圆肉 1 克，水适量。

做法

❶ 红豆、干莲子洗净，泡水 3 小时；绿豆洗净，泡水 2 小时；大米、薏米洗净，泡水 1 小时。

❷ 红枣、黑枣洗净，用沸水泡 10 分钟。

❸ 取锅放入所有材料，加水淹过材料，以小火焖煮至熟即可。

红糖藕粉

材料

藕粉 25 克，水适量。

调味料

红糖 5 克。

做法

❶ 将藕粉用温开水调匀成藕粉汁。

❷ 锅中加水烧开，倒入藕粉汁，边倒边搅拌，至其呈糊状，略煮片刻，加入红糖，搅拌至红糖溶化即可。

> **小贴士**
>
> 藕粉冲泡方便，属于主食类，能提供一定的热量。藕粉含有植物蛋白质、维生素、淀粉、铁、钙等多种营养成分，具有补益气血、健脾开胃等功效。冲泡藕粉的水温可在90℃左右，除即冲即食型藕粉外，一般需用温开水预调，冲入开水后，搅拌至半透明状即可食用。

烤香蕉

1
人份

材料

香蕉 1 根。

调味料

白糖、奶油、肉桂粉各少许。

做法

❶ 香蕉剥皮。

❷ 取烤盘，铺上铝箔纸，抹少许奶油，放上香蕉，撒上白糖和肉桂粉，将烤箱转180℃，烤 10 分钟即可。

> **小贴士**
>
> 香蕉可以制作成多种不同的菜肴，等到宝宝大一点，对于油脂的接受度较高时，还可以油炸。香蕉冷冻，再用果汁机搅打，就可以做成香蕉冰沙。

父母早教有方，宝宝聪明健康

第10个月宝宝的早教

简单的亲子游戏可以让宝宝在快乐中学习、运动，加深亲子感情，激励宝宝的进取精神。亲子游戏随时可做，不需要特意安排，越是自然地玩耍，越能使宝宝感到亲切，学习起来也更有兴趣，学得也比较快。

◯ 益智亲子游戏

和薇薇一起玩游戏是薇薇妈最开心的事情了，因为每次薇薇都能出人意料地做一些动作来把薇薇妈逗乐：妈妈把一个小鸭子玩具攥在手里，让薇薇找小鸭子"在哪里"，小宝宝用手指着旁边挂的年画，好像在说"小鸭子在那里"。薇薇妈一看，挂画里果然也有一只小鸭子，小家伙视力还真好啊！

照顾好娃娃：培养宝宝的爱心

娃娃是宝宝的好朋友，但有些宝宝很喜欢"虐待"娃娃，出现这种情况时，妈妈可以让宝宝做"照顾好娃娃"的游戏。

在游戏的过程中，妈妈要不断地提醒宝宝应该怎样对待娃娃，如果宝宝虐待娃娃，妈妈要表现出很生气的样子；如果宝宝做得很好，妈妈也要及时夸奖宝宝。通过妈妈的态度变化，宝宝会渐渐明白如何好好照顾娃娃。

这个游戏可以慢慢培养宝宝的爱心，提高其模仿能力。

❶ 给宝宝准备一个娃娃玩具，让宝宝和它玩，或是拍它睡觉。

❷ 过不久妈妈提醒道："娃娃饿了，要吃奶啦。"就给宝宝拿个小瓶子代替奶瓶。

❸ 妈妈帮助宝宝给娃娃喂奶。如果有小勺和小碗，可以让宝宝喂娃娃吃饭，还可以拿个罐子当便盆，让宝宝给娃娃把尿。

揭盖子：发展观察能力

这个月，妈妈可以和宝宝玩揭盖子的游戏。准备几个带盖子的塑料杯子或碗（应选择大小不同的杯子或碗），在里边放上一些小玩具。

在游戏过程中，妈妈要耐心等待宝宝"尝试错误"。如果宝宝做对了，爸爸妈妈可以洗净杯子，倒入宝宝爱喝的饮料，盖上盖子，递给宝宝以示奖励。

这个亲子小游戏可以发展宝宝的观察能力与初步的思维能力。

❶ 妈妈先做揭盖子的动作给宝宝看，并把杯子里的小玩具拿给宝宝看，引起他的兴趣。

❷ 妈妈指着杯子对宝宝说："你也来试试。"让宝宝自己去揭、盖盖子。

套杯子：促进宝宝大脑发育

这个月，宝宝用双手拿物品的能力大大增强，爸爸妈妈可以和宝宝一起玩套杯子的游戏。首先准备好 5 个规格相同的塑料水杯（或纸杯），水杯的颜色要尽量不同，色彩要鲜艳，这样可以大大刺激宝宝的视觉发展。做好准备工作后，爸爸妈妈就可以和宝宝一起开始游戏啦。游戏方法如下。

（1）妈妈将水杯一字排开放在宝宝面前，依照水杯摆放的顺序，拿起一侧的水杯套在相邻的另一个水杯上。

（2）依次将 5 个水杯套在一起，然后将水杯一字排开。在此过程中，要鼓励宝宝多看多学。

（3）让宝宝拿起一个水杯套在另一个水杯上，依次将 5 个杯子套在一起。

在宝宝掌握了这一游戏技巧之后，还可以让宝宝和爸爸妈妈比赛套杯子，看谁套得又快又准，这会让宝宝感觉更刺激、更有成就感。

这个游戏可以锻炼宝宝手拿物品的能力及手眼协调能力，促进宝宝的大脑发育。在游戏过程中，父母还可以边套水杯边数数，以加强宝宝对数字的认知。

◆宝宝哲睿：哲睿很喜欢玩套杯子游戏，瞧他玩得多开心啊。

第11个月宝宝的早教

11个月的睿睿已经掌握了很多技能，比如，妈妈问他小羊是怎么叫的，他会回答"咩咩"；问他小狗是怎么叫的，他会回答"汪汪"。

对于宝宝来说，生活即游戏。他在游戏中成长，也在游戏中提高智力水平。在这个月，宝宝的活动范围随着神经系统的发育突飞猛进地扩大，游戏种类也越来越多。与前几个月相比，父母会发现宝宝的主动性大大提高，与宝宝在一起时互动的时间越来越长。

益智亲子游戏

爸爸妈妈在引导宝宝做游戏的同时，也应意识到宝宝才是每个游戏的主导者，宝宝会表明他在多大程度上需要你的帮助。因此，做游戏时，爸爸妈妈需要根据宝宝的状态调适自己，不能带有强迫性。

捏小人：促进宝宝智力发育

宝宝抓到黏土时，黏土的触感会让宝宝好奇。妈妈开始给宝宝示范怎么玩黏土。有时宝宝因为好奇，会把黏土放进嘴里，妈妈要时刻注意阻止这种情况的发生，并反复告诫宝宝"这是不能吃的"。如果宝宝兴趣索然，妈妈不妨多露几手，做出各种形状的泥人，增加宝宝的好奇心，然后握着宝宝的手一起把黏土捏成各种形状。捏小人的游戏既能锻炼宝宝的小手，也能让宝宝感到乐趣无穷，有利于宝宝智力的发展。具体方法如下。

❶ 准备足够多的黏土或橡皮泥。妈妈先示范如何捏，之后将之交给宝宝，让宝宝试着去捏、搓、拍打黏土或橡皮泥。

❷ 妈妈向宝宝示范，将黏土或橡皮泥压成一个大饼或搓成一个长条，并鼓励宝宝学习妈妈的做法。

❸ 随着宝宝兴趣的提升，妈妈慢慢增加难度，将黏土或橡皮泥捏成一个小人，让宝宝产生惊奇感。妈妈自己捏好一个小人之后，握着宝宝的手捏出同样的小人。

拿笔乱画：锻炼宝宝手眼协调能力

先给宝宝准备一张干净的纸和各种颜色的笔，爸爸妈妈引导宝宝拿起笔在纸上随意乱画。可以鼓励他："宝宝画的是什么？像红色的太阳，真棒。""宝宝拿红色的笔画画呢！"

让宝宝拿笔乱画，可以锻炼他手部肌肉的力量及手眼协调能力。

套碗游戏：帮助宝宝区分大小

这个月里，妈妈可以和宝宝一起做套碗游戏。游戏方法如下。

（1）在宝宝面前摆两个大小不同的碗，妈妈先给宝宝玩一会儿大的碗，并告诉他："这是大的碗。"

（2）过一会儿，妈妈可以给宝宝玩小的碗，并且告诉他："这是小的碗。"

（3）当宝宝明白了大碗和小碗的区别后，妈妈就可以告诉他："请将小碗放到大碗的上边"或是"请宝宝把大碗给妈妈"。这时候，宝宝便会按照妈妈的指示做出相应的动作。

这种练习可以帮助宝宝正确地分辨出碗的大小。

套圈：帮助宝宝认识物体位置关系

准备一些圈圈，教会宝宝怎样将它们逐个套起来。最初，宝宝可能只能套 2个圈圈，妈妈要鼓励他，为他鼓掌。随着玩的次数增多，宝宝能够逐渐了解物体之间的大小和位置关系，放置正确的次数也越来越多。

这个游戏不仅能锻炼宝宝手的精细运动能力，而且能使宝宝在认识大小的同时，认识物体的位置及里外的关系。

○ 体能训练

这个时期的宝宝会越来越不安分，他已不满足于总是一个姿势或总在一个小的范围内活动。爸爸妈妈可给宝宝准备一块相对大些的活动区域，如可在沙发前、床前空出一块地方，把周围带棱角的东西拿开，让宝宝练习扶站、坐下及行走。

爬的游戏：锻炼平衡能力

在这个时期，宝宝的爬行动作已经非常熟练，并喜欢往高处爬。爸爸妈妈可以仰卧在床上做出各种姿势，让宝宝爬过你的身体；或者准备干净的楼梯，让宝宝练习爬上楼梯、爬下楼梯。这个游戏既可以锻炼宝宝的平衡能力，又可以促进亲子交流。

◆ 宝宝耕宇：宝宝的爬行动作已经非常熟练。

滑滑梯：锻炼攀爬能力

宝宝喜欢感受滑梯的刺激，爸爸妈妈要经常带宝宝滑滑梯。游戏方法如下。

爸爸或妈妈站在宝宝后面，扶住宝宝爬上滑梯，上去后扶着宝宝坐稳，再让其慢慢滑下。下滑时要予以帮助，以保持宝宝的身体平衡。

这个游戏能够锻炼宝宝的攀爬能力。宝宝从刚开始的倾斜着下来，变成坐得正正当当地下来，身体的平衡性由此得到了锻炼，为将来走路稳当做好了准备。

第12个月宝宝的早教

这个月的宝宝有着强烈的好奇心和学习能力，他会带着好奇心到处活动。有些妈妈会左一句"危险"、右一句"不要"地劝阻宝宝，殊不知，对宝宝过度保护，会使宝宝失去探索的欲望。这时，妈妈正确的做法是带着宝宝一同做游戏，让宝宝在游戏中认识精彩的世界。

宝宝开始吃辅食

益智亲子游戏

在给本月宝宝选择亲子游戏时，妈妈要注重宝宝的智力培养、认识事物和身体的协调能力。和宝宝玩游戏的时候，妈妈要多用语言交流，用语言指导，让宝宝自己动手、动脑。

拆礼物：让宝宝理解物体的恒存性

我们都喜欢收到礼物，不过对宝宝们来说，打开礼物的包装才是最重要的。在这个过程中，宝宝的兴奋感来自发现和用自己的手指做了想做的事。在这个游戏中，"礼物"实际上有可能是宝宝已经玩了几个月的旧玩具，不过这完全没有关系——打开包装的惊喜才是最重要的。

这个游戏可以训练宝宝的手眼协调性，帮助宝宝理解物体的恒存性。

❶ 妈妈用一块毛巾"包"住一个小号玩具，如玩具小车，把"包装"好的礼物拿给宝宝。

❷ 宝宝会打开毛巾，高兴得大声尖叫，而且会要求再来一遍。

❸ 做这个游戏的时候，妈妈也可以用毛巾将玩具盖上一半，让宝宝动手拿掉毛巾。

❹ 当宝宝拿掉毛巾后，妈妈就可以将玩具交给宝宝，让宝宝尽情地玩耍。

推圆筒：提高宝宝的思维能力和自我意识

在这个月，爸爸妈妈可以和宝宝一起玩推圆筒的游戏。

这个游戏可以通过宝宝手的动作发展，使他初步的思维能力和自我意识得到提高。在做游戏的时候，妈妈一定要注意，让宝宝把推的动作和圆筒倒下来联系在一起，需要多次重复练习。妈妈千万不要为宝宝无法完成这一游戏而急躁，一定要耐心地引导和鼓励宝宝进行练习。游戏方法如下。

❶ 妈妈在一个圆筒中装入一些饼干或小玩具，并将圆筒放到宝宝面前，让宝宝施展"推"筒之术，同时用手示意宝宝做推的动作。

❷ 当宝宝推倒圆筒时，妈妈还可以让宝宝玩一会儿玩具或吃一块饼干，以表示对宝宝的鼓励。

汽车开动啦：开发宝宝智力

妈妈可以和宝宝一起玩"汽车开动啦"的游戏。在做这个游戏之前，首先要准备一根长1米、宽30厘米的木板（若没有，则可以用其他类似物品代替）、垫木板的板凳及一辆玩具小汽车。这些东西准备好之后，妈妈就可以和宝宝开始游戏了。

❶ 妈妈让宝宝手拿小汽车，先从高处往下开。汽车很快从斜面开下来，妈妈就告诉宝宝："汽车开下来喽。"

❷ 让宝宝拿小汽车从下面往上开。当小汽车开不上去时，妈妈提示宝宝："汽车上坡开不动，要加油，要推，宝宝用手推上去。"

❸ 妈妈和宝宝一边推一边发出"嘟嘟嘟"的声音，一直开到上面，再从上面开下来。开下来时让宝宝注意方向。

接下来可以重复这个游戏，让宝宝慢慢感觉汽车上去要用力，下来可以自己跑。这个游戏可以训练宝宝的方向感，认识上、下、去、来，有助于开发宝宝的智力。

第三部分

1~3岁

从辅食向成人食物过渡

1岁的宝宝还要喝奶吗?

Q 宝宝每天需要喝多少牛奶?

对出生第一年的宝宝来说,母乳或配方奶是主要的营养来源,多摄取奶类确实有助于宝宝的生长发育。但宝宝 2 岁以后,生长发育逐渐变得较为缓慢,对奶量的需求也会逐渐下降(因对成人食物的摄取量增加了)。不过,奶类中的钙质和其他维生素仍是宝宝骨骼、组织、牙齿发育的重要来源之一。

一般来说,**宝宝满 2 岁后,1 天喝 250 ~ 500 毫升的牛奶就已经足够**。然而有些宝宝会逐渐厌恶喝奶,父母可以考虑使用其他乳制品来代替,如乳酪和酸奶等。

Q 宝宝喝冲泡奶粉会比市售鲜奶好吗?

奶粉是由鲜奶经过高科技的喷雾干燥法制造而成的,其营养成分和鲜奶相比不会有太大差距。奶粉需要用和体温相近的温水冲泡,但鲜奶则须在低温下冷藏才能保鲜,和体温差距较大,若在冷藏状态立即饮用,对宝宝的消化系统是一种负担。

因此,1 岁以下的宝宝应以母乳或配方奶为主;**1.5 岁以上的宝宝则可适量饮用鲜奶**。从冰箱取出鲜奶饮用前,建议先放置 10 ~ 15 分钟,等稍微回温后再饮用;同时必须注意保存期限,最好是挑近期生产的。

Q 宝宝可以喝保久乳吗?

市面上的牛奶除了奶粉、鲜奶,还有一种保久乳,也就是可以不必冷藏的牛奶,这类食品的营养价值高吗?是否适合孩子饮用?

放在室温下能储存较久的保久乳,之所以保久,并非添加防腐剂,而是经过高温短时间的完全灭菌,风味跟鲜奶完全不同,营养成分和鲜奶大约一致,又可长时间保存,一般而言,1.5 岁以上的宝宝可以饮用。不过,开封后仍建议尽快食用完毕,否则也容易滋生细菌。

此外,**选择保久乳必须观察包装的完整性,检查是否有破损、膨胀或接近保存期限,若超出保存期限,则容易出现蛋白质变质的可能**。因此,如果发现味道不对,有变酸或变苦的现象时,就应该丢弃。

Q 宝宝不喝奶，可以直接吃钙片吗？

不建议如此！父母仍应循循善诱地教导孩子多喝配方奶或牛奶，**对宝宝来说，牛奶才是钙质的最佳来源**。若一定要食用钙片，则必须依照医师指示服用，千万不要超量，尤其不可服用来路不明、标识不清，或未经合格检验的钙片。

此外，除了牛奶，还有许多食物含钙，如酸奶、绿叶蔬菜、小鱼干、豆腐等，只要营养均衡，应该都比单吃钙片来得有效且安全。

Q 宝宝对牛奶过敏，有什么替代品吗？

请按医师指示，给宝宝喝水解蛋白奶粉或部分水解蛋白奶粉，或者按医师指示喂宝宝已证实安全有效的药品或益生菌。大一点的小孩或许可以用豆浆、燕麦奶、亚麻仁粉、五谷粉等食物来代替每天所需的牛奶，以提供钙质来源。

Q 如何帮宝宝戒奶瓶？

有些宝宝即使上了幼儿园，每次喝牛奶时，仍需要用奶瓶喂食，这令父母很困扰。到底该如何帮宝宝戒奶瓶呢？

想帮宝宝戒奶瓶，务必掌握几个重点：其一，在宝宝可自己用手拿奶瓶且拿得很稳时，就试着用水杯装牛奶或饮料，让他自己拿着喝，刚开始即使只能喝一小口都无所谓，只要常常练习，就会越来越熟练，**并让他习惯使用杯子喝水和饮料等**；其二，**建议在 2 岁以前完成奶瓶的戒断**，否则，当孩子 2 岁以后，个性逐渐稳定，已经不适合用强迫的方式，如果这时才开始训练，可能就要耗费更大的心力了。

Q 宝宝已经1岁了，却还只喝母乳怎么办？

可以持续喝母乳，但必须同时增加其他食物的摄取量。**建议延长每次喂母乳的间隔时间，并加入成人食物。**

理论上来说，宝宝不会让自己饿肚子，且多数1岁以上的宝宝，能接受各种口味的食物，味觉发育也较成熟，喜欢口味较重的食物（当然不建议给宝宝吃重口味的食物），因此可以训练**1岁以上的宝宝开始吃成人食物**。要尽量避免让宝宝吃零食、饮料或果汁之类的食物，以免影响吃正餐的食欲。

一开始可以尝试在每次进食前，先给他固体食物，如香蕉、苹果切片、吐司、面包等，可以让他抓着吃。甚至可以让他坐在餐桌前，跟着大人一起进食，让他自己从盘子中拿食物吃，让吃东西变成一种愉快、好玩的事，也许就能让宝宝喜欢上母乳以外的食物。

Q 晚上喝牛奶容易尿床？

宝宝半夜尿床的原因很多，美国过敏症专科医师曾对食物中会引起尿床的情形进行了调查，结果发现，**牛奶、巧克力、鸡蛋、谷物和柑橘类水果会使膀胱充盈膨胀，如果夜晚吃过多这类食物，就可能会造成多尿现象**；且饱食后，会让孩子睡得香沉，宝宝无法辨识来自膀胱的警示，从而容易夜尿。

宝宝常见吃饭问题

Q 该不该让宝宝自己吃饭？

　　1岁左右的孩子，肢体动作越来越纯熟，经常会跟父母抢汤匙要自己动手吃，这时通常还只是笨拙地胡乱抓握，没办法精准地拿着汤匙放进嘴里，也因此经常搞得一团糟。这时，困扰的父母总是希望快快喂他吃完饭，好赶快结束混乱场面！

　　不过，**自己拿汤匙吃饭，对宝宝来说是一种新的学习，父母应该在他想学的黄金期（1.5~2岁）给予机会练习。**只要准备一张高度适中的宝宝椅、给予固定的餐具，就可以让宝宝知道这是吃饭的仪式，让他慢慢学习自己进食。

Q 1~3岁的宝宝要独立进食？

　　通常这个阶段的宝宝已经开始学习独立进食了，因此父母应该选择适当的餐具，让他学习自己进食。

　　此外，制作食物时，形状也要做得让宝宝方便拿取，以减少学习的挫折感；再者，**应该先让宝宝自己吃饭，等到吃不完时再喂他，而非一开始就喂食。**

Q 宝宝不喜欢自己动手吃饭，怎么办？

　　宝宝不愿意自己吃，等着大人喂，多是习惯使然。因此制作食物要有耐心，选择可以让宝宝自己拿着吃的食物，父母不要在旁边催促，只要耐心地观察宝宝的反应即可。如果宝宝肚子饿，就会主动伸手拿取，多试几次，成功了就给他鼓励，渐渐地，宝宝就能自己动手吃东西了。

Q 明明宝宝会用叉子和汤匙，为什么偏偏喜欢用手抓？

　　即使到了2岁，已经能轻易使用叉子和汤匙的阶段，有些宝宝也喜欢用手抓，主要原因在于用手直接拿着吃要方便多了。训练宝宝使用餐具，最困难的地方是让他持续使用，这不是一两天就能成功的事。

　　如果每次都是在宝宝很饥饿的时候要他使用餐具吃饭，他当然会不耐烦。要训练宝宝使用叉子和汤匙，首先应该教他正确的使用方法，如果做得正确，就当场给予鼓励或赞美，让他有自信。此外，要选择宝宝好拿握的餐具，能让宝宝较快学会自己使用。

Q 宝宝吃东西的速度很快，食欲又好，有问题吗？

宝宝食欲旺盛并非坏事，唯一担心的是吃下过多营养不均衡的食物，造成热量过剩。如果想要纠正宝宝的饮食习惯，让他学会细嚼慢咽，最好的方式就是将食物烹调成无法一口吞下的大小，只要没办法1次塞进嘴里，就能逼着他学习慢慢嚼及拿取食物。

Q 为何宝宝老是把饭含在嘴里？

● 蛀牙：如果以前宝宝吃饭的习惯还不错，最近却老是含着饭不想嚼，父母可能要先关心宝宝是否有蛀牙。若宝宝有蛀牙，只要咬下去就会牙痛，他当然就不愿意咬了。

● 分心：如果宝宝总是习惯边看电视边吃饭，或是边玩玩具边吃饭，很容易因为太过专注于其他事情，而把饭含在嘴里不咀嚼。

● 吃饱了：这是最常见的原因，这时不妨收起碗筷，不要让宝宝继续吃。含着饭容易造成蛀牙，最好不要让宝宝养成这种习惯。

Q 用餐时，为什么宝宝总是喜欢离开座位？

宝宝用餐时，不喜欢坐在椅子上吃，通常都是从小没有养成习惯，或者父母总是在宝宝离开饭桌时，跟在后面追着喂食，从而演变成一种习惯。

最好的方式是，在辅食阶段就让宝宝养成每次吃饭时就要乖乖坐在椅子上的习惯，当宝宝不想吃时，就收拾桌子，让他下桌。如果父母每次都在用餐时寸步不离地在旁边伺候，宝宝除了有压力，还无法尽情享受吃饭的乐趣。因此，只要宝宝肚子饿，吃到一定的分量，若过一会儿后离席到处走动，不妨收拾用过的餐具，不要让宝宝继续吃了。

Q 宝宝边看电视边吃饭，行吗？

有些父母为了让宝宝乖乖坐好吃饭，会开着电视边看边喂饭，这个习惯其实并不好。除了每天看电视的时间太长，会使宝宝的神经系统和身体机能疲劳，影响身心的健康发展，边看电视边吃饭更容易因为咀嚼得不够，造成消化不良。所以让宝宝专心吃完一餐，才是正确的喂食方法。

Q 宝宝边吃边玩，怎么办？

宝宝不愿意坐好乖乖吃饭，对父母来说，的确是一种困扰，尤其每餐都要追着他跑，不只容易生气，还会因此破坏和谐的亲子关系。如果宝宝不想吃，干脆先将饭菜收起来，等他累了或者时间长了，自然就会肚子饿。也不用担心他会因为少吃一餐而营养不良，毕竟没有人会让自己饿肚子。

只是切记，**在两餐之间，不要给他吃高热量且营养不均衡的食物，这样做是为了让宝宝知道，如果不吃正餐，是没有其他东西可以填饱肚子的！**

Q 宝宝吃饭应该用多长时间？

吃饭虽需细嚼慢咽，但也不宜拖得过久。一般来说，吃饭时间约 30 分钟就足够了。有些宝宝因为不想吃饭，吃饭时拖 1~2 小时，也是常有的事。因此只要超过 30 分钟，就应把餐桌收拾干净。

Q 宝宝吃饭好慢，怎么办？

如果你因为宝宝吃饭慢而苦恼，或许应该先想想，让他吃快一点的用意是什么？只要宝宝不是含着饭不吃，或者一吃就是 1~2 个小时，吃慢点也没有关系。一般而言，**每一口的咀嚼次数应该超过 20 下，才能使食物的营养更好地被吸收，且可保护肠胃。**如果只是因为没有耐心等待而破坏宝宝吃饭的兴趣，这样的催促是没有好处的。

如果真的不希望宝宝吃饭太慢，可以试试下次装饭的分量不要太多，分量太多，一来会让宝宝有"怎么总是吃不完"的感觉，也会让宝宝吃到最后就边吃边玩，所以对于宝宝吃饭慢吞吞，要有耐心，不要催促。但也须注意，一定要让宝宝专心吃饭，不要边吃边玩。

Q 宝宝对食物的喜好很极端，会不会营养不均衡？

如果在小时候宝宝就对食物的喜好有极端反应，长大后就很难不出现偏食的状况，这是父母应该特别留意的现象。这时，暂且不管宝宝爱不爱吃肉、爱不爱吃根茎类蔬菜等，只要计算主要的营养成分，努力变换菜色，就能让宝宝吃得营养又均衡。

举例来说，如果不爱吃肉，那就让宝宝吃鱼也无妨；不爱吃米饭，就让他吃面食，很多食物的营养成分都是可以相互替代的。

Q 为什么宝宝会没食欲？

宝宝会有不想吃的念头，通常都是因为从小对食物的兴趣就不高，很多时候，是因为在宝宝刚接触辅食时，食物处理不当所致。如果没有接触各式各样的食物，或者吃东西时的气氛不对，也会让宝宝排斥吃饭。

此外，运动量低的宝宝比较不容易饿，因此吃得相对较少。当然，如果食物的烹调方式不佳，不合胃口，或者吃饭时间拖得太长，造成饭菜都冷了，口感不佳，也会让宝宝的食欲变差。

若长期饮食状况不好，容易造成生长迟缓、抵抗力较弱，宝宝就容易生病。若是蛋白质、铁质摄取量不足，宝宝还会出现注意力不集中的现象，导致出现学习障碍，负面影响很多。

Q 为什么宝宝会吃太多？

宝宝吃太多，通常都是因为父母在他还小的时候，担心营养不足而过度喂食，造成宝宝胃口变大，养成想吃就吃的习惯。尤其是有些父母认为，吃得多总比不吃好，从而忽略了宝宝也应该营养均衡；或者认为只有个子高、体型胖的宝宝才有抵抗力，因此拼命喂食。

此外，也有部分父母因为自己的饮食习惯不佳，如常吃高油脂或高热量食物，导致宝宝跟着父母一起变胖。**避免宝宝超过体重标准，最好的方式是依照正确的饮食状况给予食物，且应该给予营养丰富而有饱腹感的食物，**戒除零食、炸鸡、薯条等含过多热量的食物。同时，也应该时常带宝宝去户外运动，多晒太阳、多喝水，让他维持良好的新陈代谢。

Q 宝宝吃饭需要定时定量吗?

其实每个人总有胃口好或不好的时候，因此，不必期待宝宝每一餐都能吃完所有的食物。毕竟当宝宝累了，或是玩得太疯、太热时，不想吃饭也是正常现象。

如果宝宝到了该吃正餐的时间没有食欲，不妨晚一点再让他吃。切忌边谩骂、边生气、边逼宝宝吃，效果不佳。建议记录宝宝每天饮食的总分量，只要达到均衡的营养及分量即可。

Q 宝宝只爱吃米饭，行吗?

有些宝宝只爱吃米饭，于是父母绞尽脑汁把蔬菜煮成高汤，和大米一起烹煮，让米饭也含有蔬菜的营养成分，但是，大米作为淀粉类食物，**只是饮食金字塔中的一项，在一天的饮食中，应当适量**，想方法让宝宝不偏食，才能摄取到各种营养成分。

此外，**利用菜汤煮饭，虽然可以变化口味，勉强能维持部分营养成分，但丧失了摄取蔬菜所含的膳食纤维的机会，因此还需额外补充膳食纤维。**

Q 宝宝讨厌吃肉怎么办?

宝宝讨厌某种食物，常常是因为不方便进食，如切的块太大，或是太硬嚼不烂等。

此时可以考虑改变食物的形态，做成比较容易下咽的菜色，如馄饨、饺子等；或改做口味较香甜的食物，如鸡肉丸等，这样大多数的孩子比较能接受。

如果宝宝还是不愿意吃，就不必太强迫，但仍建议尝试。要记住补充蛋白质很重要，鱼、肉和豆腐都有相近的营养成分，所以可以用豆类取代动物性蛋白质。况且，宝宝这段时间不爱吃肉，并不表示以后都不喜欢，爸妈不必过于紧张。

Q 宝宝喜欢喝糖水怎么办?

对大多数宝宝来说，平淡无味的白开水怎么能跟香甜可口的果汁、汽水、奶茶等饮料相提并论呢? 不过这些市售含糖饮料热量高、营养少，还添加了许多有害健康的香料、色素或防腐剂等，对宝宝来说实在不营养且有碍健康。

想要培养孩子不喝含糖饮料的好习惯，就要让他从小习惯喝白开水，最好的方式是不提供、不鼓励喝含糖饮料，也要让孩子知道喝水的好处，同时以身作则，贯彻到底。也可以在家里自制健康的含糖饮品，如现榨新鲜果汁、麦茶、西米露等，糖分可自己控制。

Q 宝宝可以喝奶茶吗?

奶茶含有大量糖分和脂肪，容易让人喝过量。以 1 杯 500 毫升的奶茶为例，其热量约为 300 千卡，差不多是 1 碗米饭的热量。若每天喝 1 杯，可以想见囤积在体内的热量一定过剩。

此外，市面上除了少数以牛奶为基底的奶茶，几乎都是以奶精为主要调味剂的，而奶精的"反式脂肪酸"成分高，会影响宝宝健康，更遑论茶类的咖啡因及奶茶中的糖分，对宝宝的健康也有十分不良的影响。

Q 宝宝为什么不爱吃蔬菜?

很多蔬菜因为有"草"味，且膳食纤维含量高，不容易咀嚼，因此许多宝宝都不爱吃。**但不论如何，都不要以强迫的方式逼宝宝吃下某种他不喜欢的食物，否则容易造成反弹，降低他对食物的兴趣。**

宝宝对食物的偏好通常不会持续很久，有时只要一段时间之后变换菜色，他就会忘了曾经不爱吃的某样食物;而当他吃了某样以前不爱吃的食物时，也别忘了给予鼓励喔!

Q 有刺激宝宝喜欢吃蔬菜的好方法吗?

从喂食一些比较容易入口、口味清淡且膳食纤维含量较低的蔬菜开始，如白萝卜、黄瓜等，或者调整烹煮的方式，做成美味的蔬菜汤、蔬菜饼等，增加食材的变化度。

此外，还可利用宝宝的想象力，将蔬菜拟人化，给他营造如果不吃蔬菜，"蔬菜会很伤心"等情境，只要父母用心配合表演，通常宝宝都会愿意尝试。

Q 1~3岁的宝宝每天要吃多少水果?

专家建议，**1~4岁的宝宝，每天要摄取约2份水果**(1份水果大约是1个橙子/1个小苹果/1/2根香蕉/13粒葡萄)，**4岁以上者应食用4份水果**。在饮食金字塔中，水果的摄取量可来自新鲜果汁(但非果汁饮料)。

Q 可以用蔬果汁代替新鲜蔬果吗?

新鲜蔬果汁内的糖分、脂肪、微量元素等营养成分都跟新鲜的水果、蔬菜相近，不过，**水果在鲜榨的过程中，损失了很多有益人体的膳食纤维**。要增加果汁中膳食纤维的摄取量，最好的方法是喝果汁时把榨汁后剩余的残渣一起吃掉。膳食纤维的好处是可以促进肠道蠕动，有益消化及排便顺畅。

Q 吃水果有禁忌吗?

水果被认为含有丰富的营养，不过食用时也要适量，年纪越小的宝宝，越应该控制食用量。此外，对宝宝来说，每天食用的水果种类也不要太过复杂。

正常来说，**宝宝可以吃任何一种水果，但是如果身体不适或是特殊体质的人，还是应该谨慎选择**。例如，是气喘、咳嗽等过敏体质的人，最好少吃瓜果类，如西瓜、木瓜、香瓜等；皮肤不好的人，则要少吃芒果、木瓜、草莓等；有腹泻情况时，也要少吃水果，否则腹泻症状不容易缓解。

Q 水果可以完全取代蔬菜吗?

很多父母误以为宝宝不爱吃蔬菜,可以用水果来代替,其实不然。**水果并不能完全取代蔬菜,因为水果中的矿物质含量不够高,且糖分过多**,如果用水果代替蔬菜,会让一天摄入的总热量增加许多。

虽然水果和蔬菜都是植物,但营养成分不尽相同,因此不能相互替代。如果单吃水果不吃蔬菜,有可能缺乏叶酸等营养成分;况且水果的热量较高,吃过量容易导致肥胖。

Q 宝宝可以吃冰品吗?

在炎炎夏日,清凉的冰品确实让人难以抗拒。不过,冰品是否会影响宝宝的健康是父母需要特别考虑的。尤其是冰品制作过程是否卫生,会直接影响宝宝的身体健康。如有些市售冰块用未煮沸的水(如自来水或矿泉水)来制作,杀菌不完全,可能含有许多细菌。

此外,**营养师建议,不要让1岁以下的宝宝食用冰品,这个阶段的宝宝对冷热温度的调节能力不够**,因此不鼓励食用过冷或过热的食物。

另外,体质特殊,如有气喘、呼吸道过敏或身体虚弱的宝宝,也建议避免食用冰品。再则,若是宝宝在玩得太激烈后,也不要立刻给予冰品,因为在激烈运动后,血液集中在四肢、肌肉或皮下,以帮助散热,肠胃的血液较少,若冰的食物猛然下肚,会造成肠胃不适。

Q 食用冰冷的食物有分量限制吗?

如果冰冷食物吃得过多,健康容易出现问题!如冰激凌含有大量糖类,糖类则需要大量B族维生素来帮助消化,当B族维生素摄取不足时,就会影响消化功能。

因此,**即使是成年人,也要控制冰品的摄取量。至于到底多少才是适量,则需视每个人的体质而定,无确切的数据。不过仔细想想,大多数冰品都含有过高的糖分、人工色素等,对食欲又有影响。因此,还是要控制食用量才行。**

Q 可以骗宝宝吃东西吗?

应尽量避免用骗的方式让宝宝把不喜欢的食物吃完,因为这样可能向宝宝传达了负面信息。例如,有些父母会跟小孩说:"你把这些蔬菜吃完,我就给你吃糖果。"虽然可能很快就达到把蔬菜吃完的目的,但日后会让宝宝出现"原来妈妈也跟我一样,觉得糖果比蔬菜好吃"的错误认知。这样一来,以后如果没有其他的诱饵,宝宝可能就不会再主动吃蔬菜了。**正确的做法应该是改变食物的烹调方法、调整食物种类,从而增进宝宝的食欲,让宝宝尝试去吃。**

Q 宝宝也有厌食症吗?

有些宝宝在生病期间,可能因为肠胃不适或消化功能不好而出现暂时性的厌食。这种症状和成人由精神疾病引发的厌食完全不同。**小儿厌食症指的是,宝宝持续 2 个月以上胃口不好,不想吃东西,如果强迫他吃就会呕吐的情形,通常最容易发生在宝宝 1 岁以上。**

有研究指出,出现小儿厌食症,除小孩生病之外,在非疾病的因素中,可能也和情绪起伏有关系,如莫名的压力等。当然,如果正餐之外给了宝宝太多零食,或是让他吃了一些不适当的补品等,都有可能让宝宝不爱吃正餐。

总之,若宝宝长期食欲不佳,一定要先就医,检查是否有病痛,若一切正常,则从调节饮食习惯、改善用餐气氛开始,相信能有所改善。

Q 酸奶对宝宝有哪些好处?

酸奶不仅可口,还蕴含优质蛋白质和丰富的钙质,能将益生菌带到肠道中,特别适合不易消化牛奶的孩子。这是因为乳糖在发酵过程中,已经被部分分解,所以乳糖不耐受的孩子也能食用。

酸奶跟牛奶一样,富含钙、维生素 B_2 和蛋白质,同时还含有维生素 A、维生素 B_1、维生素 C、烟酸及铁等营养成分,确实颇适合大一点的宝宝食用。

Q 油炸食物怎么吃才健康?

油炸食物常含有过多油脂,只能适量摄取。**1 ~ 2 岁的宝宝,若每天吃一次油炸食物就会超过一日油脂的需求量。**由于油炸食物很香,家长常以此种食物当作奖励,这种做法应避免,以免造成宝宝对油炸食物(速食)的期待,进而导致宝宝肥胖。如果想要变换菜色,可以自己在家做油炸的食物给宝宝吃,不妨选择蔬菜类食材,如香菇、冬菇、豆腐、菱角、蘑菇等。

Q 用菜汁、勾芡汁拌饭很有营养?

有些忙碌的父母，没有太多时间帮宝宝准备饭菜，有时会用菜肴内的汤汁或勾芡汁拌饭给宝宝吃，以增加味道，从而增进宝宝的食欲，其实这种做法并不妥当。**因为菜里的汤汁常过咸且太油腻，容易让宝宝摄取过多盐分、油及电解质，从而增加肾脏的负担。**

Q 宝宝1岁后就可以随意吃大人的食物了吗?

1岁后的宝宝已进入幼儿期，除了牙齿逐渐长出，也有了基本的咀嚼能力，只要大人的食物能多注意烹煮的方式，如不加太多的调味料、避免过多的油炸食物等，注意食物不要过硬或不易咀嚼，**多数食物都可以让宝宝尝试。**

幼儿期是需要多摄取五大营养成分的成长阶段，这一时期的饮食习惯也跟成年后的饮食习惯息息相关，因此一定要特别注意各种营养成分的摄取，以奠定一生的健康基础。

Q 宝宝噎到时怎么办?

宝宝噎到时的急救法为"海姆立克急救法"，其方法为：站在宝宝的后方，用两手环抱着他，一只手握拳，虎口放在宝宝的胸口凹处和肚脐中间，另一只手交叠其上，用力向内、向上、快速地挤压。重复这个步骤，直到宝宝把噎住的东西吐出来为止。

Q 1岁后的宝宝，要继续吃磨碎的食物吗?

如果错过练习吃辅食的黄金阶段，宝宝会较难适应新的吞咽方式及各种食物形态。**宝宝满1岁后，固体食物应该占营养来源的50%，这是因为宝宝的进食技巧已经进步了许多，且牙齿也长出不少，可以逐渐利用咀嚼来吞咽食物。**

因此过了1岁后，就应该让宝宝慢慢接触大人的饮食形态，而不要持续给他吃磨碎的食物。

Q 巧克力、可乐中也有咖啡因吗?

咖啡因是药物的成分之一,若长期超量食用则可能上瘾。有些人在突然停止摄取咖啡因后,可能会出现类似停药的戒断症状,如头痛、腹部抽筋、兴奋易怒或情绪低落等。

别以为只有咖啡中才有咖啡因,事实上,可乐、巧克力、茶饮料等都含有咖啡因。举例来说,1罐360毫升的可乐和1小杯速溶咖啡所含的咖啡因量是差不多的,甚至有些热巧克力里也含有不少咖啡因。因此,应尽可能不让宝宝喝咖啡。

Q 宝宝能吃就是福吗?

现代人的营养普遍过剩,就连宝宝也不例外,可别以为宝宝能吃就是福,如果年纪还小就有惊人体态,易有血糖、血脂过高的情形,日后罹患糖尿病、高血压等慢性病的概率也可能比一般人高。

有不少父母认为,小孩养得白白胖胖就是健康,所以宁可让宝宝多吃,也不要少吃。有此观念的父母要注意了,如果让宝宝从小就把胃口养大,长大后确实不利于健康。

Q 宝宝习惯用左手拿餐具,应该矫正吗?

这个年龄的宝宝尚未完全固定惯用哪一只手,如果他用左手拿餐具(汤匙、叉子)也别惊慌,若想训练宝宝惯用右手,可不经意地让他换用右手拿,或者拿食物时,也试着刻意交到宝宝的右手。

如果试了几次之后,宝宝还是习惯用左手,不爱用右手,不必勉强他一定要改过来。因为现在社会已经有许多针对左撇子专用的工具,不会像以前那么不方便了。

如何让宝宝戒吃垃圾食物?

Q 如何帮宝宝戒掉吃垃圾食物的习惯?
- 不要在家里囤积垃圾食物。
- 主动提供营养的小点心,且要放在孩子可以拿得到的地方。
- 避免在速食店前逗留。
- 采用少食多餐的方式进食,以免低血糖导致孩子对糖的需求增加。
- 提供可控制含糖量的自制点心,不要提供汽水、奶茶类。
- 当电视出现速食等广告时,马上转台不看。

Q 宝宝在速食店能吃到什么?

　　四处林立的速食店一直是宝宝的最爱,在速食店中,到底能吃到什么? 速食店中的餐点,大多由大量糖、淀粉、脂肪、盐、添加剂组成,虽然其中也含有蛋白质、维生素和矿物质,但含量相对较少。总体来说,速食的糖分及脂肪含量多,所以多吃实在是弊大于利。

　　无论何种食物,热量和营养成分一定要有适当的比例才算是好的食物,如果热量太高,营养成分太少,就是垃圾食物,不适合宝宝吃。

Q 垃圾食物对宝宝有什么影响?

　　研究指出,**宝宝若出现过动现象,可能和经常吃垃圾食物有关**。垃圾食物大多添加了许多不当的人工色素和香料,有可能引起大脑中的化学反应,从而出现突然失控的行为。

　　食用含糖量高的食物会让宝宝的血糖升高,但在1~2小时后又突然下降。这种剧烈变化可能会影响大脑中控制情绪的激素分泌,进而出现过度活跃或暴力的行为。

宝宝需要吃点心吗?

Q 三餐之外，还需要给宝宝提供点心吗?

宝宝活动量大，如果只吃三餐，很难满足他所需的营养和热量。**点心主要用于弥补三餐的不足，应该把点心视为分量较少的正餐。**

Q 如果宝宝正餐吃得少，就可以给他吃点心吗?

宝宝 1 岁前，对饱腹感较不敏感，常常遇到喜欢的食物就一次吃很多，使得下一餐的食量变少，这是常有的事。很多父母看到宝宝这餐吃得少，就给他吃点心，希望能填饱他的肚子，其实这样做更容易造成正餐吃不下的恶性循环!

如果不想让宝宝出现上述情况，**建议正餐前 2 小时，尽可能不给他吃点心或牛奶，这样到了吃正餐时才会有食欲**，但可在饭后给他吃一些有助于消化的水果，帮助胃肠蠕动。

Q 吃健康点心有什么原则?

点心的热量和营养成分要在每天营养的总摄取量中体现，这是吃健康点心的总原则，在此基础上要做到以下几点。

● 提供点心的时间，要尽量避免太靠近下一餐的时间，且分量不宜过多。

● 一份点心最好含有至少三大类食物，让宝宝充分接触不同种类的营养成分。

● 以清淡、少油、少盐、少糖为主。

● 吃完点心后，记得要让宝宝刷牙或漱口。

Q 如何选择适合宝宝的点心?

既然是用于补足正餐的不足，选择点心时当然也要以营养为出发点，若能同时补足正餐没吃到的营养，那就更好了! 建议依照每个宝宝的不同情况，选择其平日较少摄取的食物。如不爱吃肉的宝宝，可选择蛋白质含量较多的点心。至于食材，要以新鲜、没有加工的为主。

Q 零食跟点心一样吗？

一般所说的零食跟点心其实是有区别的。**所谓零食，是指一些没有热量，只含有大量脂肪、盐、糖，而缺乏人体所需营养成分的食物**，大部分零食只能用来解馋，不适合每天食用；**点心是正餐前的小食，可用于充饥，其中含有人体所需的多种营养成分。**

零食不能补充正餐之外的营养，多吃容易影响正餐的食欲，同时还会养成孩子重口味的习惯，甚至可能导致肥胖、营养不均衡或蛀牙等问题。

Q 有没有健康的点心？

自制点心可以很健康、营养，如爆米花，爆米花能增加饮食中膳食纤维的总含量，只要少放一点油和盐即可。此外，**新鲜水果富含维生素和矿物质，可以切片淋上酸奶**，搅拌一下，就是很健康的小点心。

此外，**葡萄干和南瓜子等杂粮综合坚果也是不错的选择**，但对小于 2 岁的宝宝，则要特别注意是否会造成吞咽上的危险，所以针对小于 2 岁的宝宝，建议先压碎再食用。此外，也可用苏打饼干加上起司（又称为乳酪、干酪），或抹些花生酱等，孩子也会喜欢。

如何让宝宝喜欢吃饭?

Q 如何让宝宝产生吃饭的兴趣?

宝宝喜欢参与大人的工作,利用这点来增加他对食物的兴趣是不错的方法!父母可以让宝宝帮忙挑选菜品,在烹煮食材时,也让他在旁边挑菜,或者给宝宝最不喜欢的食物,**借着认识、接触这些平日不喜欢的食材,让他对其不再讨厌或畏惧,也许就能逐渐增加宝宝对食物的兴趣。**

从辅食向成人食物过渡

Q 如何把吃饭变得有趣?

- 改变烹饪方式,把宝宝不喜欢吃的食材重新包装,如做成饺子、煎饼等。
- 让宝宝选择自己的餐具,或者把菜做成可爱的模样,如宝宝喜欢的动物形状等,增加宝宝对吃饭的兴趣。
- 偶尔在家里做一些外面摊贩卖的食物,如面线、小笼包等。
- 利用食材编故事,让宝宝对食材更亲切、好奇,同时让宝宝一起参与制作餐点,都是不错的方法。

Q 如何培养宝宝尝试吃新食物的兴趣?

很多宝宝都会排斥新食物,即使是其他人公认的超级美食,也无法引起宝宝的食欲。其实宝宝的饮食偏好跟成人不一样,只要使用的方法得当,就可以让宝宝愿意尝试新的食物。

首先,**新食物最好不要单独出现,可以将它跟宝宝喜欢的食物混着烹煮,减少宝宝的排斥感;其次,新的菜色要先上桌,让宝宝在饿的时候,先吃到新食物;**最后,食物光是可口还不够,最好能够加入摆盘和造型或吃法的创意等,逐渐吸引宝宝对新食物产生兴趣。

Q 如何营造用餐气氛?

- 父母要以身作则，树立好的榜样。如用餐时不讨论工作、以和缓的态度教导宝宝餐具的使用方法及用餐礼仪，尽可能在和谐安静的气氛下用餐。
- 可以利用家族聚餐的机会，增加宝宝对食物的喜好度，因为和其他宝宝一起愉快地用餐，能增进食欲。
- 不要在饭桌上训话，如果宝宝不听话，尽量避免当场斥责，或逼他吃东西；但也不可过于放任。
- 减少在外面用餐，让回家吃饭变成理所当然的事。
- 宝宝生病时，不要给予新的食物，以免日后有不好的联想。

Q 什么是好的饮食习惯?

　　宝宝的饮食习惯需要从小养成，父母可把以下准则当作家庭规范。
- 早餐很重要，绝对不要不吃或敷衍了事。
- 养成饭前洗手、饭后刷牙或漱口的好习惯。
- 要有良好的餐桌礼仪。
- 不要在宝宝面前批评菜肴。
- 广泛摄取各种食物，并解释这些食物的功能。

Q 如何培养宝宝正确的饮食习惯?

- 家里尽量不要摆放零食。
- 不要在饭前让宝宝吃零食。
- 全家人一起在餐桌前用餐。
- 固定吃饭时间，超过30分钟就将饭菜收拾干净。
- 不要让宝宝有期待其他食物的机会。

宝宝是偏食还是挑食？

Q 偏食就是挑食吗？

偏食是指宝宝的饮食偏重于某几种食物，以至于无法获取身体所需的完整营养成分。至于挑食，有时只是排斥某些食物，但仍旧可以用同类食物来补充不足的营养成分，对健康的危害不会太大。不过，不论偏食或挑食，都会养成宝宝不正确的饮食习惯，应尽可能改正。

Q 宝宝为何会偏食？

根据专家学者分析，宝宝出现偏食的原因，通常是婴儿时期断奶或添加辅食的时间不当、食物烹调不当、父母或照顾者本身就有偏食的行为、父母或照顾者任由宝宝偏食、强制宝宝摄取某些食物而造成抗拒心理、父母或照顾者没有营养观念，甚至有可能是宝宝用偏食来吸引父母的注意等。

Q 宝宝偏食怎么办？

- 让宝宝从小接触各式各样的食物。
- 经常增加各种食物出现的次数，让宝宝经常看到、听到和吃到不同的食物。
- 鼓励宝宝尝试新的食物，或在喂食宝宝排斥的食物时，最好从少量开始，可以多试几次，等他熟悉后，再慢慢增加分量。

1岁宝宝常见疾病

Q 宝宝生病，吃中药好吗？

科学时代，凡事皆须经过验证，才可以使用在人体上，尤其是药物。若**中药确实有应用于宝宝的实例，且大规模研究证实对人体安全、有效才可使用。**否则在此之前，用于宝宝需非常谨慎，须请中医师评估。

Q 什么是发热？

发热俗称发烧，是指人体体温升高，超过正常范围，当直肠温度超过37.6℃、口腔温度超过 37.3℃、腋下温度超过 37.0℃，昼夜间波动超过 1℃时，即为发热。**有些宝宝的体温虽然看似正常，但有感冒或其他不舒服的现象时，则须缜密观察体温变化。**

至于测量体温最准确的方式，婴儿以肛温最接近身体的中心温度。对于年纪稍长的幼儿，**耳温和肛温的相关性很高，可量耳温来取代肛温。**

Q 宝宝发热时怎么吃？

宝宝生病发热时，除了就医吃药，也应该在饮食上多费心。

● 适时给宝宝补充水分。

● 补充维生素。

● 增加食物热量，如果胃口不佳，可以将食物用高热量的方式烹煮，如在面或粥里加个蛋等。

● 增加蛋白质的摄取量，如多补充鱼、肉、蛋、奶、豆浆等食物。

● 补充矿物质，因为发热会让身体损耗掉一些矿物质，可以让宝宝喝一些蔬菜汤、果汁或牛奶等来补充。

Q 1岁以上宝宝的食物烹饪原则是什么?

　　1岁以上的宝宝已经可以逐渐脱离辅食阶段，进入和成人相同的主食阶段。须留意饮食的营养均衡，包括摄取五谷根茎类、鱼肉蛋豆奶类、油脂类和蔬菜水果类。

- 采取少油、少盐的烹煮方法。
- 食物煮烂一点，不要太干或太硬。
- 食物仍以不需要长时间咀嚼就能吞咽的状态为佳。
- 应切小段，高纤维食物尤其要切碎一点。

Q 什么是便秘?

　　便秘通常指大便过硬不容易排出，少于平日的解便频率。宝宝经常在排便后肚子仍胀胀的，感觉没有排干净；有些宝宝则是2~3天才排1次便，但排便很顺利，就不算是便秘。

　　如果孩子超过2天没有排便，不用过度紧张，若超过4天都没有排便，且大便过硬不易排出，或排便带血丝，就需要特别留意是否是便秘。

Q 宝宝便秘怎么吃?

- 增加高膳食纤维食物的摄取量，因为膳食纤维能促进胃肠道有益菌的生长，同时还能吸收肠内水分，使粪便体积增加，促进排便。如多吃蔬菜、香蕉、木瓜等。
- 让宝宝吃饭细嚼慢咽，对正常的消化及吸收功能有帮助。
- 不吃无营养价值的"垃圾点心"，如饼干、糖果等，这些食物中的膳食纤维含量少，而且会影响正餐食欲，正餐吃得少也相对容易便秘。
- 少喝碳酸饮料，碳酸饮料会增加排尿次数，吸收体内水分，不利于排便。
- 多喝水，并进行适当的活动。
- 确认宝宝的进食量与进食内容，以查找便秘原因。

Q 什么是腹泻?

腹泻指婴儿每天每千克体重的排便量超过10克,儿童或成人每日排便量大于200克。不过,通常很少用秤来称排便量是否超过此标准。

临床上评估的方法是,**如果宝宝的排便频率比平日增加,且粪便的形状变得稀水时,就可以说是腹泻。**腹泻又可分成急性腹泻和慢性腹泻,若腹泻时间超过2周,则称为慢性腹泻。

Q 宝宝腹泻怎么吃?

宝宝的成长速度逐渐增加,需要足够的营养。1岁以上的宝宝能接受各种食物,但胃肠吸收功能有时不如成人,偶尔消化不良也容易腹泻。

此外,夏天气温高,细菌也容易繁殖,若吃了不干净的食物,或卫生习惯差,也容易增加细菌感染的概率。这时的**饮食原则只要掌握清淡、少油腻、少调味料、少糖即可,等到腹泻舒缓后,**再慢慢调回原来的饮食。

Q 什么是喉咙发炎?

宝宝受病菌感染后,若此病菌由飞沫或空气传染,常会造成喉咙发炎,并会引起发热、食欲不振、声音沙哑等症状。喉咙发炎的原因很多,最常见的为病毒或细菌传染。此外,吃入不洁食物、物品,或外伤(鱼刺刺伤)等,都会引起喉咙发炎。

Q 喉咙发炎怎么办?

喉咙发炎或扁桃体发炎,最常见的传染源是呼吸道的分泌物,而这些病菌容易附着在宝宝身上、玩具、桌椅表面或食物中,可能因孩子把手或玩具放进嘴里的坏习惯而感染疾病。

因此,**预防的最好策略就是"勤洗手",尽量不要让宝宝挖鼻孔、揉眼睛、吸手指等。若不幸感染,应该让宝宝多喝温水或凉开水,不要喂食过于刺激或太热的食物,**并且视情况就医接受治疗。

Q 食物过敏的症状有哪些?

如果吃了食物不久后,出现类似荨麻疹的症状,如皮肤痒、出现疹块、水肿且呼吸不顺畅时,就表示可能对刚刚吃的食物有过敏的现象。**所谓食物过敏,是指身体把食物当成抗原**,进而产生一系列过度的免疫反应。食物过敏的症状,通常会出现在消化道(胃灼热、呕吐、腹泻等)、皮肤(发疹、红斑、瘙痒等)或呼吸道(气喘、胸闷、鼻炎等)。

Q 如何预防宝宝食物过敏?

- 父母或双方家族中的成员若已确认对某一食物过敏,母亲在怀孕和哺乳期应避开此食物,但对于其他常见的过敏原食物,并不需要在怀孕期和哺乳期刻意避开。
- 哺乳6个月以上。
- 没有充分的数据证明延迟食用常见的过敏原食物可以预防食物过敏,建议至少要从4个月后开始添加辅食,不可晚于10个月。此阶段是人体对食物过敏的耐受性的开始,多尝试不同食物有益宝宝的免疫。

Q 过敏体质的宝宝怎么吃?

- 每尝试一种新的食物时需单独加入,并观察2~4天是否有过敏反应。
- 学习阅读食品标识,看看有没有会引起过敏的成分。如对鸡蛋过敏的人,要特别注意食物中是否含鸡蛋,若吃了饼干、冰激凌等食物,须观察一日,看是否出现皮疹。
- 不新鲜的海鲜食品也要尽量少吃。

Q 宝宝会过敏的食物一生都不能吃?

随着年纪增加,很多宝宝的过敏反应会变好。对于会过敏的食物,在宝宝满1岁后,每半年可以再尝试食用,观察是否有过敏反应,若是3岁以后仍对此食物过敏,原则上一辈子都会对此食物过敏,就须终身避开。如诊断对于麸质过敏者,终身需避开含麸质的食物。

Q 如何断定宝宝贫血?

幼儿最常见的贫血为"缺铁性贫血"和"海洋性贫血"。缺铁性贫血是因为体内的铁质减少，导致血红素制造不足引起的疾病。 由于铁质是体内构成血红素、肌红素的重要成分，因此当铁质摄取不足时，或者有胃肠铁质吸收障碍的宝宝，就可能出现缺铁性贫血。

海洋性贫血则是一种基因异常导致的疾病，人类的血红素由 4 条蛋白质链组成，而有海洋性贫血的人，因为基因突变造成某些蛋白质链的合成不足，因此导致造血失效而出现贫血现象。

Q 缺铁性贫血者怎么补充铁质?

● 每天吃富含铁的食物，如动物肝脏、红肉（牛肉、猪肉、羊肉）及蛋类。

● 多吃深绿色蔬菜，如菠菜、芹菜、油菜。

● 补充富含维生素C的蔬果，以促进铁质的吸收。

Q 宝宝为什么会呕吐?

宝宝出现呕吐大多是由病毒性胃炎、胃肠炎或胃食道逆流、盲肠炎、喂食过量、食物中毒或药物等引起的，也可能是由感冒、咽喉炎或剧烈咳嗽引起的。

呕吐还可能是由一些严重的病症（脑膜炎、脑炎等）引起的，因此须同时观察宝宝是否有出现发热、畏寒、腹泻、头痛或抽筋、意识不清等现象，若有则须立刻就医。

Q 宝宝呕吐时怎么吃?

宝宝呕吐时，记得要把他扶坐起身，或者把头侧向一边，同时喂水，去除口内异味。 此外，呕吐会使宝宝丢失大量水分，多次反复呕吐可导致脱水，宝宝呕吐时，要少量多次喂水，也可以喂些糖盐水，冬天的水要热一些，夏天的水则要凉一些，最好不要喂温水，温水易引发呕吐。

若宝宝不想进食，千万不要强迫他，否则容易导致再次呕吐。等到宝宝胃口转好，想吃时再给予少量食物。给予的食物要清淡，且先从流质食物开始喂起，避免油腻、酸、辣的食物，以免刺激肠道，增加负担。

什么是流质食物？

　　所谓流质食物，指容易消化、吸收，没有渣渣、没有刺激性的食物。

　　流质食物适合发热、虚弱、胃肠炎、口腔有疾病不能咀嚼的宝宝食用。为了减轻胃肠道的负担，每餐的流质食物量不能过多，应少量多次，每天可以喂食6～8次。由于流质食物的营养成分无法满足宝宝一天的热量需求，因此，如果病情好转，就要逐渐换成半流质食物。

 什么是半流质食物？

　　半流质食物指比较软，且容易咀嚼、吞咽和消化的食物，粥品就是其一。这类食物的水分多，无法满足宝宝一天所需的热量，应该采取一日多餐的方式喂食。

　　半流质食物的主食可以选择粥、面条、小馄饨等；副食则可选肉末、鱼泥、虾泥等；蛋类则可做成炖蛋、蛋花汤、炒蛋等；水果可选香蕉泥、苹果泥及各种果汁；蔬菜类则应剁碎；豆类可食用豆花、豆腐等。

1~3岁的宝宝怎么吃？

1小匙 = 5毫升　1大匙 = 15毫升　1杯 = 240毫升

 **主食类**

Q ## 自己做的炒饭更适合宝宝吃？

外面所卖炒饭的油脂过量，不适合给宝宝吃，而自己做炒饭，可自行控制油量，且能加入青椒、芹菜、胡萝卜等蔬菜一起拌炒，但建议蔬菜要尽量切得小一点。

Q ## 宝宝可以吃五花肉吗？

1~3岁的宝宝需要大量能量，五花肉的热量较瘦肉高，而且宝宝的牙齿正在发育，五花肉比里脊肉更适合给宝宝吃。但仍要注意摄取频率不要太高，否则会养成喜欢高脂饮食的习惯。另外，不鼓励宝宝常食用油炸食物。

什锦炒饭

2人份

材料

大米饭100克，糙米饭50克，肉丝、虾仁、毛豆、玉米粒各10克，鸡蛋1个。

调味料

油1小匙，盐、酱油、淀粉各少许。

做法

❶虾仁以少许盐及淀粉抓一下；鸡蛋打散成蛋液。

❷热一油锅，倒入蛋液，炒至略熟，放入肉丝和虾仁，拌炒至8分熟，转小火。

❸放入大米饭和糙米饭，炒松。

❹加入毛豆和玉米粒，炒熟；加入盐和酱油，炒匀即可。

寿喜烧盖饭

材料

　五花肉片80克，圆白菜30克，老豆腐120克，鸡蛋1个，大米饭150克，洋葱40克。

调味料

　葱15克，油、葱花、柴鱼高汤、日式酱油、味醂、白糖各适量。

做法

❶洋葱、圆白菜洗净，均切丝；老豆腐切片；鸡蛋打散成蛋液；葱洗净，切段。

❷热一油锅，放入老豆腐片，煎至两面全熟，起锅。

❸另起一油锅，放入洋葱丝、圆白菜丝，炒软；加入柴鱼高汤、日式酱油、味醂、白糖，煮滚；放入五花肉片、老豆腐片、葱段，煮至入味；最后倒入蛋液，煮熟。

❹起锅后盛在大米饭上，撒上葱花即可。

Q 鲜艳的颜色可以引起宝宝的食欲？

宝宝喜欢颜色鲜艳的东西，具有鲜艳色彩的食材，如西红柿、红椒等较易引起宝宝的兴趣，进而愿意去尝试。

西班牙海鲜烩饭

2 人份

材料

大米100克，虾2只，鱿鱼、鸡腿肉各20克，蛤蜊2个，西红柿80克，青豆仁5克，洋葱40克，柠檬20克，红椒40克。

调味料

盐、鸡高汤、蒜末各适量，橄榄油1小匙。

做法

❶鱿鱼切圈状；鸡腿肉切小块；西红柿洗净，切丁；洋葱、红椒洗净，均切丝；柠檬挤出汁；大米洗净。

❷虾、鱿鱼圈、蛤蜊用开水汆烫；青豆仁以加盐的开水汆烫。

❸热锅，加入橄榄油，炒香红椒丝、洋葱丝，捞起。

❹锅中放入蒜末炒香，加入西红柿丁，煮至西红柿丁出汁，转小火炖煮5分钟。

❺加入鸡腿肉块，炒至半熟，放入鸡高汤、虾、鱿鱼圈、蛤蜊和大米，盖上锅盖，焖煮至快熟时，加入青豆仁、红椒丝、洋葱丝，煮熟；起锅前加盐调味。

❻食用前，淋上柠檬汁即可。

 小贴士

这是一道营养均衡的菜肴，有五大类食物的营养，并且有各种颜色的蔬菜，非常适合宝宝食用。

Q 亲子丼中的鸡蛋要全熟？

地道的亲子丼（日本料理）会加生鸡蛋，对于未满 7 岁的宝宝来说，不建议食用，以免造成胃肠炎。因此，这道菜肴适合在家做。

亲子丼

材料

    鸡胸肉20克，鸡蛋1个，洋葱40克，大米饭200克。

调味料

    葱花、日式酱油、味醂、白糖、盐、鸡高汤各适量，玉米油1小匙。

做法

❶鸡胸肉洗净，切小块；鸡蛋打散成蛋液；洋葱洗净，切丝；调味料（葱花、玉米油除外）混合，调匀成酱汁。

❷锅中加入玉米油，炒香洋葱丝；放入鸡胸肉块，炒至五分熟；加入酱汁，煮至入味。

❸将蛋液以顺时针方向倒入锅中，盖上锅盖，熄火，闷至蛋全熟，淋在大米饭上，撒上葱花即可。

Q 西红柿酱是否适合宝宝食用？

西红柿酱是宝宝喜欢的调味料之一，但其所含的钠离子较高，在加西红柿酱调味时，不建议再放盐，以免过咸。另外，烹调时也可搭配新鲜西红柿，减少西红柿酱的使用量。

西红柿金枪鱼蛋包饭

材料

金枪鱼罐头20克，西红柿80克，鸡蛋1个，大米饭200克。

调味料

西红柿酱、色拉油各1小匙。

做法

❶西红柿洗净，切小丁；将金枪鱼和西红柿丁拌匀。

❷鸡蛋打散成蛋液，热一油锅，倒入蛋液，煎成蛋皮，起锅。

❸另热一油锅，加入大米饭，炒松；放入做法❶的食材，炒至均匀，用蛋皮包覆，淋上西红柿酱即可。

茄汁通心面

2 人份

材料

西红柿1/2颗，洋葱1/6个，通心面80克，猪肉末20克，水适量。

调味料

盐、白胡椒粉各少许，起司粉2小匙，橄榄油1小匙。

做法

❶西红柿、洋葱洗净，均切小丁。

❷取一汤锅，加水、少许盐及橄榄油，水开后放入通心面煮约7分钟，捞起，过冷水。

❸热一油锅，倒入橄榄油，炒香洋葱丁；放入猪肉末，炒熟；放入西红柿丁，焖煮至开。

❹倒入通心面煮熟，加盐、白胡椒粉调味，起锅。

❺食用前，撒上起司粉即可。

Q 夏天到了，宝宝没有食欲怎么办？

炎炎夏日，冰冰凉凉的食物比较能引人食欲，鸡丝凉面就是一道营养均衡又能提供健康油脂的菜肴，很适合夏日食用。

鸡丝凉面

材料

鸡胸肉30克，油面180克，胡萝卜40克，小黄瓜30克，开水、凉开水、冰块各适量。

调味料

芝麻酱1.5大匙，花生末、白醋、酱油、香油各1小匙。

做法

❶鸡胸肉洗净，用开水煮熟，剥成细丝，放凉。

❷胡萝卜、小黄瓜洗净，均切丝；调味料调匀成酱汁。

❸煮一锅开水，放入油面，煮熟，捞起后用凉开水冲，再用冰块冰镇后捞起，沥干装盘。

❹在油面上放小黄瓜丝、胡萝卜丝、鸡胸肉丝，淋上酱汁即可。

蚂蚁上树

2人份

材料

粉条100克，猪肉末15克，开水1杯，温水适量。

调味料

豆瓣酱、酱油各1/4小匙，橄榄油1小匙，姜末、蒜末、白芝麻、香油、白糖各少许。

做法

❶粉条用温水浸泡至软，沥干，剪成小段。

❷热一油锅，放入猪肉末，用大火快炒至散，加入姜末、蒜末、豆瓣酱，拌炒均匀；加入开水、酱油、白糖，用大火拌煮至汤汁烧开，放入粉条，转小火续煮。

❸待汤汁完全收干，粉条呈透明状时，关火，起锅，淋上香油，撒上白芝麻即可。

小贴士

拌炒粉条时，锅铲要不断翻动，粉条才不会粘成一团，甚至粘锅底。

Q 蛋饼加了豆渣更有营养？

豆渣是黄豆磨浆后剩下的渣，含有丰富的膳食纤维，加入蛋饼中可补充一般蛋饼所缺乏的膳食纤维。豆渣可向卖现磨豆浆的商家索取或购买，若1次用不完，可分装冷冻，烹调前再解冻。

豆渣蛋饼

材料

鸡蛋1个，中筋面粉4大匙，淀粉1/2大匙（过筛），豆渣1/2大匙，开水适量。

调味料

色拉油1小匙，西红柿酱、盐、葱花各少许。

做法

❶中筋面粉、过筛淀粉和豆渣加开水调匀成糊。

❷热锅，抹上少许色拉油，倒入面糊，再以中小火煎成圆形饼皮。

❸鸡蛋打散成蛋液，加入盐、葱花，搅拌均匀。

❹另热一油锅，抹上少许色拉油，倒入蛋液，趁表面尚未完全凝固前铺在饼皮上，煎熟，切块后摆盘，淋上西红柿酱即可。

面疙瘩

材料

中筋面粉6大匙，淀粉1/2大匙，猪肉丝20克，干香菇2朵，韭菜、芹菜各1小段，水适量。

调味料

酱油、盐各适量，香油1小匙，高汤2杯。

做法

❶中筋面粉、淀粉和水拌匀，用筷子搅拌成面疙瘩状。

❷猪肉丝用酱油腌10分钟。

❸干香菇泡水至软，切片；韭菜、芹菜洗净。

❹热一油锅，爆香香菇片，放入猪肉丝炒香；倒入高汤，煮开。

❺将面疙瘩放入锅中煮熟；再加入韭菜段、芹菜段、盐、香油，煮熟即可。

吐司比萨

材料

厚片吐司、红椒、青椒、洋葱各1片，焗烤用起司、金枪鱼罐头各1大匙。

做法

❶红椒、青椒、洋葱洗净，均切丝。

❷将金枪鱼罐头铺在吐司上，放上红椒丝、青椒丝、洋葱丝，撒上焗烤用起司，放入烤箱，以200℃烤10～15分钟即可。

小贴士
这道菜肴富含维生素A、维生素C、钙质。但建议选用低盐的起司，减少盐的使用量。

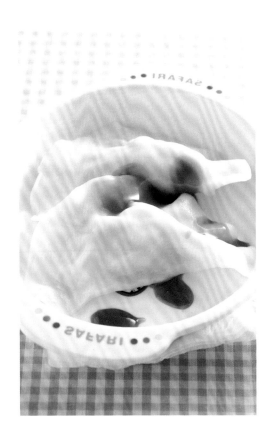

水饺

材料

水饺皮12张，圆白菜250克，猪肉末70克（瘦肉2/3，肥肉1/3），水适量。

调味料

姜末、葱末、盐、酱油、香油各少许。

做法

❶圆白菜洗净，剁碎，加盐略腌，压出水分，再加入猪肉末、调味料，拌匀，包入饺子皮内。

❷食用时用开水煮熟即可。

小贴士 可将圆白菜换成大白菜或玉米等蔬菜。

虾肉馄饨

材料

馄饨皮14张，虾2只，猪肉末70克，上海青1棵，黄豆芽、韭菜各少许。

调味料

酱油、香油、姜末各少许，大骨高汤400毫升。

做法

❶虾去壳，挑出肠泥，洗净，剁碎成虾泥；上海青洗净，切末；韭菜洗净，切段；黄豆芽洗净。

❷将猪肉末、虾泥、上海青末、调味料拌匀，包入馄饨皮中。

❸食用时，将大骨高汤烧开后加入馄饨煮熟，再放入黄豆芽、韭菜段煮熟即可。

寿司

材料

　　大米1/2杯，肉松1大匙，小黄瓜、胡萝卜各1/2根，鸡蛋1个，大海苔片、水各适量。

调味料

　　白醋、白糖各1大匙，盐1/2小匙，油适量。

做法

❶调味料混合，调匀成酱汁。

❷大米洗净，加水煮熟成米饭，均匀拌入酱汁，用扇子扇凉。

❸鸡蛋打散成蛋液，倒入油锅，煎成饼状，起锅切成条。

❹小黄瓜、胡萝卜洗净，均切条。

❺将大米饭均匀铺在海苔片上，撒上肉松，铺上鸡蛋条、小黄瓜条、胡萝卜条，以竹帘卷起，压紧，切段即可食用。

烤带鱼

材料

　　带鱼100克。

调味料

　　盐、柠檬汁各适量。

做法

❶带鱼洗净，在鱼的两面划几刀。

❷在带鱼身上抹盐后，放入200℃的烤箱烤15分钟。

❸食用前淋上柠檬汁即可。

> **小贴士**
> 带鱼有刺，1~2岁的宝宝须由父母先把鱼刺挑出来；等到宝宝会自己使用餐具后，再让他学习自行吃鱼，但吃鱼时须让宝宝专心，不要和其他菜一起吃，以免被鱼刺卡住。

牡蛎豆腐

2
人份

材料

牡蛎2粒，传统豆腐150克。

调味料

油、葱花、蒜末、素蚝油、淀粉各少许。

做法

❶牡蛎洗净，蘸淀粉，放入开水中氽烫，沥干水分。

❷豆腐切小块。

❸热一油锅，爆香蒜末，放入豆腐块、素蚝油，煮至入味，再放入牡蛎煮熟，撒上葱花即可。

小贴士

牡蛎富含锌，如果宝宝缺乏锌，会生长迟缓、消化不良、胃口差。

豆干炒肉丝

2
人份

材料

豆干1块，猪肉丝25克。

调味料

油适量，酱油2小匙，白糖1/2小匙，葱20克，香油1小匙。

做法

❶豆干切条；葱洗净，切小段；猪肉丝用酱油略腌。

❷热一油锅，用小火爆香葱段，放入豆干条、白糖、香油，转大火，炒2分钟至水分收干，加入猪肉丝，炒熟即可。

小贴士

豆制品含有丰富的膳食纤维，若是吃素，建议宝宝多吃豆类和蛋奶类食物，若吃全素，须另外增加海带类食物，以补充维生素B$_{12}$。

猪肉蔬菜卷

材料

　　猪腿肉薄片2片，绿竹笋1根，胡萝卜1根，柠檬适量。

调味料

　　油、盐、胡椒粉、味酥各少许。

做法

❶绿竹笋剥皮，切条状，以开水烫过。

❷胡萝卜洗净，切条，以开水汆烫。

❸将猪肉片摊开，放上胡萝卜条、绿竹笋条，卷起，撒上盐、胡椒粉。

❹热一油锅，猪肉卷接缝处朝下，入锅煎熟，翻面，转小火，煎至全熟，加入味酥，煎至水分收干，起锅。

❺装盘后挤上柠檬汁即可。

从辅食向成人食物过渡

肉丝炒芹菜

材料

　　芹菜50克，猪里脊肉20克。

调味料

　　橄榄油1小匙，酱油、盐、蒜末、姜末各少许。

做法

❶芹菜去硬梗，洗净，切段；猪里脊肉切丝，用酱油略腌。

❷热锅，加入橄榄油，爆香蒜末、姜末，放入芹菜段、猪里脊肉丝，炒熟，加入盐，炒匀即可。

小贴士　芹菜特有的香味有助于增进食欲，也因其本身有香味，所以少放点盐也不会太影响口感。

起司菠菜牛肉卷

材料

牛腿肉薄片2片，菠菜2根，起司2小匙，西红柿1个。

调味料

橄榄油、盐、胡椒粉各1小匙，油适量。

做法

❶西红柿洗净，切小丁。

❷菠菜洗净，在加盐的开水中汆烫，捞出过冰水，沥干，取菜叶和盐、胡椒粉拌匀。

❸牛腿肉薄片摊平，包入菠菜叶、起司，用牙签固定。

❹热一油锅，放入牛肉卷，煎熟，加入西红柿丁，炖煮至熟即可。

青椒炒牛肉

材料

青椒1/3个，牛肉40克。

调味料

酱油、色拉油各1小匙，白糖1/2小匙，大蒜1粒。

做法

❶青椒、牛肉洗净，均切丝；大蒜剥皮，切末。

❷牛肉丝用酱油腌15分钟。

❸热一油锅，爆香大蒜末，放入牛肉丝，炒至半熟，盛起。

❹锅中放入青椒丝、白糖，炒至熟软入味，再放入牛肉丝，炒熟即可。

> **小贴士**
>
> 牛肉虽然半熟的也能吃，但对宝宝来说，还是吃全熟的比较好。

柠檬风味烩鸡翅

材料

鸡翅2只，干香菇2朵，竹笋1小块，洋葱1/4个，红椒、青椒各2片。

调味料

油适量，西红柿酱、水各1大匙，白糖、柠檬汁各1~1.5大匙，酱油、盐、胡椒粉、料酒、姜末、蒜末各少许。

做法

❶鸡翅洗净，在内侧划刀，加盐、胡椒粉、料酒略腌；干香菇洗净，泡水至软。

❷将材料中的蔬菜均切条状。

❸将腌好的鸡翅焯水。

❹热油锅，爆香姜末、蒜末，加剩余调味料煮匀，放入所有食材烩煮熟即可。

甜豆荚炒鸡肉

材料

甜豆荚60克，樱花虾5克，鸡胸肉30克。

调味料

沙茶酱1/2小匙，酱油、油各适量。

做法

❶甜豆荚去老筋，洗净，用加盐的开水烫熟，过冷水，沥干。

❷鸡胸肉洗净，切小块。

❸热一油锅，爆香樱花虾，放沙茶酱炒匀，再放酱油、鸡胸肉块、甜豆荚炒熟即可。

小贴士
樱花虾含有多种营养成分，如钙、镁和粗蛋白质，钙质含量尤其丰富，可以被人体直接吸收，促进宝宝的骨骼发育。

猪蹄冻

材料

去骨猪蹄（含皮较多的部分）500克，枸杞子适量。

调味料

花椒、姜片各适量，盐、酱油、白糖各1大匙。

做法

❶煮一锅开水，放入猪蹄和所有调味料，慢火炖煮2小时。

❷取出猪蹄，切成小片；枸杞子洗净，泡软。

❸猪蹄汤过滤杂质，将1/2的汤倒入模具中，放入猪蹄片，放凉，待猪蹄冻快成形时，再倒入剩余汤汁，撒上枸杞子，放入冰箱冷藏。

❹食用前，将猪蹄冻切片即可。

小贴士

猪蹄冻切好后，建议用温开水或纯净水稍稍冲洗，需注意的是，水不能太热，以免猪蹄冻被烫化。

胡萝卜煎蛋

材料

胡萝卜1/4根，鸡蛋1个。

调味料

葵花籽油1小匙，盐适量。

做法

❶胡萝卜洗净，切丝；鸡蛋打散成蛋液。

❷将胡萝卜丝、蛋液、盐混合拌匀。

❸以葵花籽油热锅，倒入胡萝卜丝蛋液，煎熟，再切成方便食用的条状即可。

小贴士

胡萝卜富含胡萝卜素，可转换成维生素A，能保护眼睛健康和维持上皮组织的完整性。胡萝卜素属于脂溶性营养成分，须用油炒才能够带出其中的营养。

凉拌茄子

材料

茄子100克。

调味料

大蒜1粒，素蚝油1/2小匙。

做法

❶茄子洗净，切条状，用加盐的开水烫熟，捞起，泡冰水过凉后捞起沥干。

❷大蒜剥皮，切末，和素蚝油拌匀，淋在茄子上即可食用。

炒双花

材料

菜花、西蓝花各100克。

调味料

橄榄油1/2小匙，盐少许，大蒜2粒。

做法

❶菜花、西蓝花洗净，均切小朵；大蒜剥皮，切末。

❷热锅，加入橄榄油，爆香蒜末，加入切好的西蓝花、菜花，再放盐，炒熟即可。

开洋白菜

材料

包心白菜50克。

调味料

虾米、姜丝、油各少许。

做法

❶包心白菜洗净，切段。

❷热一油锅，爆香虾米、姜丝，加入包心白菜段，煮至熟烂即可。

双菇浓汤

2人份

材料

杏鲍菇、秀珍菇各60克，洋葱30克。

调味料

盐、胡椒粉、蒜末各少许，牛奶240毫升，橄榄油1小匙，面粉1大匙，高汤1杯。

做法

❶杏鲍菇、秀珍菇、洋葱洗净，均切丁。

❷热锅，加入橄榄油，爆香洋葱末、蒜末，加入面粉、杏鲍菇丁、秀珍菇丁炒匀，加入高汤煮滚，再倒入果汁机，搅打至匀。

❸另起一汤锅，倒入做法❷的食材和牛奶，用小火煮开，加盐、胡椒粉拌匀即可。

玉米浓汤

2人份

材料

玉米粒30克，鸡蛋1个，胡萝卜丁5克。

调味料

玉米酱1小匙，高汤适量。

做法

❶鸡蛋打散成蛋液。

❷起一汤锅，加入高汤煮滚，再放入玉米酱、玉米粒拌匀，加入胡萝卜丁煮开，最后倒入蛋液，再次煮开即可。

小贴士　玉米富含胡萝卜素、黄体素和玉米黄质等，有助于保护宝宝视力；鸡蛋富含蛋白质，有助于促进宝宝的成长发育。

圆白菜浓汤

材料

圆白菜、洋葱、土豆各40克，牛奶1杯。

调味料

高汤适量。

做法

❶圆白菜、洋葱、土豆（去皮）洗净，均切丁。

❷起一汤锅，倒入高汤煮开，放入圆白菜丁、洋葱丁、土豆丁，炖煮至熟软。

❸将圆白菜汤倒入果汁机中搅打至匀。

❹另起一汤锅，倒入圆白菜汤、牛奶，煮开即可。

丝瓜蛤蜊汤

材料

丝瓜80克，蛤蜊8个，水适量。

调味料

姜丝适量。

做法

❶丝瓜洗净，去皮，切滚刀块；蛤蜊泡水吐沙。

❷起一汤锅，倒入适量水，煮开，加入姜丝、丝瓜块，煮至丝瓜块熟软，加入蛤蜊，煮熟即可。

黄豆芽排骨汤

材料

黄豆芽30克，排骨100克。

调味料

高汤适量。

做法

❶排骨切小块，氽烫去血水，用温水洗净。

❷起一汤锅，倒入高汤，煮开，放入排骨块，炖煮至熟，加入黄豆芽煮熟即可。

185

芋头西米露

2人份

材料
芋头1/2个，西米1小匙，全脂牛奶240毫升，椰浆30毫升，水适量。

调味料
白糖20克。

做法
❶芋头去皮，洗净，切小块；西米洗净。

❷取一锅，加入水、西米煮开，关火闷至西米呈透明状，捞起，用冰水浸泡。

❸牛奶、椰浆、白糖拌匀，和芋头块一起倒入锅中，炖煮至芋头块熟软。

❹将西米和做法❸的食材混合拌匀即可。

红豆汤

2人份

材料
红豆2大匙，水适量。

调味料
白糖1大匙。

做法
❶红豆洗净，泡水2小时。

❷砂锅置火上，倒入适量水烧开，放入泡好的红豆。

❸大火烧开，转小火煮1小时，加白糖调味即可。

莲子银耳汤

2人份

材料
干莲子10粒，干银耳3朵，水适量。

调味料
白糖2小匙。

做法
❶干莲子洗净，泡水4小时（若是新鲜莲子则不必泡水，去心洗净即可）；干银耳以热水泡开，洗净，去蒂头，切小朵。

❷砂锅中加水，放入银耳，煮沸后放入泡好的莲子，再次煮沸后转小火煮1小时，加白糖调味即可。

虾仁吐司

材料

吐司、紫苏叶各2片，山药1小段，草虾2只。

调味料

油1大匙，盐、酱油、味醂、料酒、黑芝麻、白芝麻、淀粉、蛋白各少许。

做法

❶草虾去壳，挑出肠泥，洗净，剁碎；山药去皮，洗净，蒸熟，捣成泥。

❷将草虾、盐、酱油、味醂、料酒、蛋白、山药泥混匀。

❸吐司单面蘸少许淀粉，抹上做法❷的食材，撒上黑芝麻、白芝麻，放片紫苏叶。

❹热油至160℃，放入吐司，炸透，起锅前转大火炸一下，捞起，沥油即可。

红薯球

材料

红薯1/2个，糖粉1小匙，红薯粉1大匙，糯米粉2小匙，水适量。

调味料

油适量。

做法

❶红薯去皮，切小块，蒸熟，压成泥。

❷将红薯泥、糖粉、红薯粉、糯米粉和水混匀，搓揉成小球状。

❸热一油锅，放入红薯球，用小火油炸，不断翻动；红薯球浮出油面时，用锅铲按压，红薯球才会呈中空状。

❹待红薯球表面炸至金黄色，转大火将油分逼出即可起锅。

小贴士

将红薯球压成饼状，用煎的方式烹调，可减少用油量。

香蕉蛋糕

材料

A：过筛低筋面粉140克，过筛泡打粉1¼小匙，白糖100克，盐1/4小匙。

B：橄榄油80毫升，鸡蛋2个。

C：牛奶50毫升，香蕉1根。

做法

❶香蕉去皮，切片；烤模上薄薄地抹一层橄榄油或铺上烤盘纸，预热烤箱至175℃。

❷将材料A混合均匀，与材料B放入打蛋盆中，使用电动搅拌器搅打至颜色发白且体积变大，加入材料C拌匀。

❸将拌匀的料倒入烤模，入烤箱烘烤40分钟，取出，静置5分钟后，再将蛋糕倒出即可。

草莓冰沙

2
人份

材料

草莓9颗。

做法

❶草莓去蒂，洗净，切块，放入冰箱冰冻。

❷待草莓结冰后，放入果汁机打成冰沙状即可。

小贴士

1～3岁的宝宝，维生素C的每日需求量为40毫克，9颗中型草莓约含有105毫克维生素C。

橙子苹果酸奶

材料

酸奶1盒，橙子、苹果各1/2个。

做法

❶橙子去皮，切小块；苹果洗净，去皮，去核，切小块。

❷将橙子块、苹果块和酸奶拌匀即可。

小贴士

橙子所含的维生素C易被人体吸收，可以促进宝宝的智力发育。

水煮毛豆

材料

毛豆40克，水适量。

调味料

盐、黑胡椒粉各适量。

做法

❶锅置火上，加水烧开，加入盐和毛豆，煮开，转小火焖煮至熟，捞起。

❷毛豆去壳装盘，撒上黑胡椒粉即可。

小贴士

毛豆中的铁质易被吸收，适宜作为宝宝补充铁的食物之一。

蔬菜条沙拉

材料

西芹、小黄瓜各50克，胡萝卜80克，芒果果肉40克，酸奶1/2罐。

做法

❶芒果切丁，和酸奶一起放入果汁机中，搅打均匀，做成蘸酱。

❷西芹、胡萝卜、小黄瓜洗净，均切条状，蘸酱食用即可。

雪花糕

2人份

材料

玉米粉2小匙，奶粉1大匙，椰浆2大匙，鸡蛋1个，椰子粉1小匙，水40毫升。

调味料

白糖2小匙。

做法

❶玉米粉和10毫升水混匀；奶粉和30毫升水混匀；鸡蛋取蛋白。

❷将玉米粉浆、奶粉、椰浆混匀，倒入锅内，边搅动边煮成浓稠状，起锅。

❸蛋白放入碗中，加白糖打发，和做法❷的食材混匀，倒入模型，放入冰箱冷藏。

❹食用时，裹上椰子粉即可。

小贴士
　雪花糕需趁温热倒入模具，一旦温度降低，糕体就会开始凝固。

腰果奶

2人份

材料

腰果15粒，牛奶240毫升。

调味料

白糖2小匙。

做法

❶将腰果和牛奶放入果汁机，搅打成汁。

❷将腰果奶倒入杯中，放入白糖，搅拌至白糖溶化即可。

小贴士
　腰果含有丰富的碳水化合物和蛋白质，可以提高机体的抗病能力。腰果奶如果冷冻保存，最长可放3个月，但仍建议尽早食用完。

芝麻糊

材料

玉米粉1小匙，现磨黑芝麻、糯米各1大匙，水2杯。

调味料

白糖1大匙。

做法

❶以干锅分别炒香黑芝麻和糯米。

❷将黑芝麻、糯米放入食物搅拌机，加入水，搅打成糊。

❸将做法❷的食材倒入锅中，加入玉米粉，以小火慢煮，并不停搅动以免粘锅，煮透后加入白糖，拌匀即可。

从辅食向成人食物过渡

鳄梨牛奶

材料

鳄梨1个，牛奶240毫升。

做法

❶将鳄梨洗净，去皮，去核，切块。

❷将鳄梨块、牛奶放入果汁机，搅打均匀即可饮用。

小贴士

如果鳄梨肉粘在核上，向反方向轻轻一拧，然后用刀一拨，或用勺子将核舀出即可。

蔓越莓酸奶

材料

酸奶1盒，蔓越莓4颗。

做法

将蔓越莓洗净，压成泥，和酸奶拌匀即可食用。

小贴士

蔓越莓在超市或水果店都有卖，1次吃不完，可以冰冻起来，食用前再解冻，以保持其营养价值。

酸奶水果沙拉

材料

草莓5颗，蓝莓20克，葡萄柚2瓣，橙子半个，哈密瓜30克，芒果1个，酸奶100毫升。

做法

❶草莓去蒂，洗净，对半切；蓝莓洗净；葡萄柚切小块；橙子去皮，切块；哈密瓜洗净，去皮，去瓤，切块；芒果去皮，去核，切块。

❷将所有切好的水果放在碗里，淋上酸奶，拌匀即可食用。

 小贴士

用淡盐水浸泡草莓能杀菌，去除表面残留的农药，吃起来更放心。可随意搭配宝宝喜欢的水果，还可放一些坚果一起吃。

雪梨银耳羹

材料

泡发银耳100克，百合25克，枸杞子5克，雪梨1个，水适量。

调味料

冰糖10克。

做法

❶将银耳洗净，切去根部，再切成小块；雪梨洗净，去核，切块；枸杞子、百合洗净，用水浸泡。

❷锅中加水，放入银耳，大火煮沸后转小火，煮至银耳呈黏稠状。

❸倒入雪梨块和百合，继续煮10分钟。

❹放入枸杞子和冰糖，煮至冰糖溶化即可。

小贴士

百合需事先浸泡15分钟左右，这样更容易煮熟软。

柳橙布丁

材料

　　柳橙汁390毫升，鲜奶50毫升，明胶片2片，柳橙50克。

调味料

　　白糖适量。

做法

　　❶将明胶片用水泡软，并挤干水分；柳橙去皮，切丁。

　　❷柳橙汁、白糖、鲜奶倒入锅中煮沸，加入明胶片搅拌至溶化。

　　❸待降温之后，放入柳橙丁，分装入玻璃容器，放入冰箱冷藏，待其凝固即可食用。

小贴士

　　柳橙中丰富的膳食纤维可预防便秘，其含有的大量维生素C具有增强抵抗力、预防感冒的作用。

从辅食向成人食物过渡

香蕉猕猴桃汁

2
人份

材料

　　香蕉120克，猕猴桃90克，柠檬30克，纯净水适量。

做法

　　❶香蕉去皮，果肉切成小块；柠檬洗净，切成小块；猕猴桃去皮，切块。

　　❷取榨汁机，选择搅拌刀座组合，倒入香蕉块、柠檬块、猕猴桃块，加入适量纯净水，榨取果汁。

　　❸揭开盖，将榨好的果汁倒入杯中即可，可放猕猴桃片作为装饰。

小贴士

　　本品富含多种维生素和矿物质，酸甜可口，可以为宝宝补铁，还有润肠通便的作用，非常适合宝宝食用。

附录 0~12个月宝宝身体发育指标参考表

男宝宝身体发育指标

月龄	身高	体重	头围	胸围
0	平均50.4厘米 45.2~55.8厘米	平均3.32千克 2.26~4.66千克	平均34.5厘米 30.9~37.9厘米	平均32.3厘米 29.3~35.3厘米
1	平均54.8厘米 48.7~61.2厘米	平均4.51千克 3.09~6.33千克	平均36.9厘米 33.3~40.7厘米	平均37.3厘米 33.7~40.9厘米
2	平均58.7厘米 52.2~65.7厘米	平均5.68千克 3.94~7.97千克	平均38.9厘米 35.2~42.9厘米	平均39.8厘米 36.2~43.4厘米
3	平均62.0厘米 55.3~69.0厘米	平均6.70千克 4.69~9.37千克	平均40.5厘米 36.7~44.6厘米	平均41.6厘米 37.4~45.8厘米
4	平均64.6厘米 57.9~71.7厘米	平均7.45千克 5.25~10.39千克	平均41.7厘米 38.0~45.9厘米	平均42.3厘米 38.3~46.3厘米
5	平均66.7厘米 59.9~73.9厘米	平均8.00千克 5.66~11.15千克	平均42.7厘米 39.0~46.9厘米	平均43.0厘米 39.2~46.8厘米
6	平均68.4厘米 61.4~75.8厘米	平均8.41千克 5.97~11.72千克	平均43.6厘米 39.8~47.7厘米	平均43.9厘米 39.7~48.1厘米
7	平均69.8厘米 62.7~77.4厘米	平均8.76千克 6.24~12.20千克	平均44.2厘米 40.4~48.4厘米	平均44.9厘米 40.7~49.1厘米
8	平均71.2厘米 63.9~78.9厘米	平均9.05千克 6.46~12.60千克	平均44.8厘米 41.0~48.9厘米	平均45.2厘米 41.0~49.4厘米
9	平均72.6厘米 65.2~80.5厘米	平均9.33千克 6.67~12.99千克	平均45.3厘米 41.5~49.4厘米	平均45.6厘米 41.6~49.6厘米
10	平均74.0厘米 66.4~82.1厘米	平均9.58千克 6.86~13.34千克	平均45.7厘米 41.9~49.8厘米	平均45.9厘米 41.9~49.9厘米
11	平均75.3厘米 67.5~83.6厘米	平均9.83千克 7.04~13.68千克	平均46.1厘米 42.3~50.2厘米	平均46.2厘米 42.2~50.2厘米
12	平均76.5厘米 68.6~85.0厘米	平均10.05千克 7.21~14.00千克	平均46.4厘米 42.6~50.5厘米	平均46.5厘米 42.5~50.5厘米

女宝宝身体发育指标

月龄	身高	体重	头围	胸围
0	平均49.7厘米 44.7~55.0厘米	平均3.21千克 2.26~4.65千克	平均34.0厘米 30.4~37.5厘米	平均32.2厘米 29.4~35.0厘米
1	平均53.7厘米 47.9~59.9厘米	平均4.20千克 2.98~6.05千克	平均36.2厘米 32.6~39.9厘米	平均36.5厘米 32.9~40.1厘米
2	平均57.4厘米 51.1~64.1厘米	平均5.21千克 3.72~7.46千克	平均38.0厘米 34.5~41.8厘米	平均38.7厘米 35.1~42.3厘米
3	平均60.6厘米 54.2~67.5厘米	平均6.13千克 4.40~8.71千克	平均39.5厘米 36.0~43.4厘米	平均39.6厘米 36.5~42.7厘米
4	平均63.1厘米 56.7~70.0厘米	平均6.83千克 4.93~9.66千克	平均40.7厘米 37.2~44.6厘米	平均41.1厘米 37.3~44.9厘米
5	平均65.2厘米 58.6~72.1厘米	平均7.36千克 5.33~10.38千克	平均41.6厘米 38.1~45.7厘米	平均41.9厘米 38.1~45.7厘米
6	平均66.8厘米 60.1~74.0厘米	平均7.77千克 5.64~10.93千克	平均42.4厘米 38.9~46.5厘米	平均42.9厘米 38.9~46.9厘米
7	平均68.2厘米 61.3~75.6厘米	平均8.11千克 5.90~11.40千克	平均43.1厘米 39.5~47.2厘米	平均43.7厘米 39.7~47.7厘米
8	平均69.6厘米 62.5~77.3厘米	平均8.41千克 6.13~11.80千克	平均43.6厘米 40.1~47.7厘米	平均44.1厘米 40.1~48.1厘米
9	平均71.0厘米 63.7~78.9厘米	平均8.69千克 6.34~12.18千克	平均44.1厘米 40.5~48.2厘米	平均44.4厘米 40.4~48.4厘米
10	平均72.4厘米 64.9~80.5厘米	平均8.94千克 6.53~12.52千克	平均44.5厘米 40.9~48.6厘米	平均44.7厘米 40.7~48.7厘米
11	平均73.7厘米 66.1~82.0厘米	平均9.18千克 6.71~12.85千克	平均44.9厘米 41.3~49.0厘米	平均45.1厘米 41.1~49.1厘米
12	平均75.0厘米 67.2~83.4厘米	平均9.40千克 6.87~13.15千克	平均45.1厘米 41.5~49.3厘米	平均45.4厘米 41.4~49.4厘米

美 食 菜 谱 / 中 医 理 疗

阅读图文之美 / 优享健康生活